日本熱銷100萬冊全新改

基礎棒針教

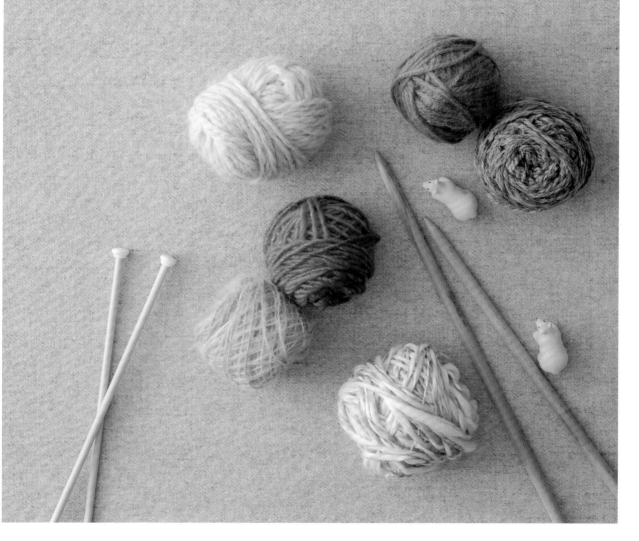

楓書坊

STEP 2

棒針編織除了下針和上針之外,還有許多針法,而這些針法只要相互搭配組合,即能創造出各式各樣的花紋。在STEP2中,將介紹常用的針法與編織方法。

交叉的花紋格外地簡單!

慢慢地減少針目,製作成圓形。

這是編織成和帽子相同花紋的襪套。即使是相同花紋,但是只要改成不同的毛線和用品,看起來就會全然不同。

襪套
➡ P.58

帽子
➡ P.59

利用交叉花紋所編織的帽子。繞圓編織的同時,搭配頭圍慢慢使用減針的技巧。

鏤空造型看起來很輕盈。

背心
➡ P.62

這是使用掛針和2併針製成的鏤空樣式。只要編織成長方形,並帶有垂皺感的簡單背心就完成了。用鬆軟的馬海毛編織吧!

透過本書即能編織的作品

本書會介紹許多棒針編織的技巧。每學會一種技巧，
所能編織的樣式也會逐漸增加，因此不妨循序漸進挑戰編織各種作品吧！

STEP 1

首先要學習在任何作品中都會用到的技巧，
像是起針和收針的方法、「下針」和「上針」的編織方法等。
這些技巧雖然是基礎中的基礎，
但是只要學會，就能編出各式各樣的作品囉！

流蘇的樣式
也很推薦！

來回編織，
繞圓編織。

圍巾
→ P. 30

披肩
→ P. 32

造型看起來很精緻，但是使用的針法只有
下針和上針。另刊載製作流蘇的方法，以
供參考。

使用起伏編、平面編和2針鬆緊編等編織
方法，並利用來回或繞圓編織以製作披
肩。只要運用少許的技巧，就能編織出
這種造型的毛衣。

可以一邊編織一邊對照！

棒針編織針目記號一覽表

記號	針法的名稱	頁數		記號	針法的名稱	頁數
│	下針	22			左上4併針	40
─	上針	22			中上5併針	40
○	掛針	35			右加針	42
⬭	套收針	35			左加針	42
⬭	上針的套收針	35		³=	下針3針的編出加針	42
	扭針	36			上針的右加針	43
	右上2併針	36			上針的左加針	43
	左上2併針	36		³=	上針3針的編出加針	43
	上針的扭針	37			右上1針交叉	44
	上針的右上2併針	37			左上1針交叉	44
	上針的左上2併針	37			右上扭1針交叉（下側為上針）	44
	中上3併針	38			右上1針交叉（下側為上針）	45
	右上3併針	38			左上1針交叉（下側為上針）	45
	左上3併針	38			左上扭1針交叉（下側為上針）	45
	上針的中上3併針	39			右上2針交叉	46
	上針的右上3併針	39			右上2針交叉（中間插入1針）	46
	上針的左上3併針	39			右套左交叉針（穿過左針交叉）	46
	右上4併針	40			左上2針交叉	47

記號	針法的名稱	頁數
	左上2針交叉（中間插入1針）	47
	左套右交叉針（穿過右針交叉）	47
	右上2針與1針交叉	48
	左上2針與1針交叉	48
	捲針（捲2次）	48
	右上2針與1針交叉（下側為上針）	49
	左上2針與1針交叉（下側為上針）	49
	捲針（捲3次）	49
	引上針（2段的情況）	50
	上針的引上針（2段的情況）	50
	英式鬆緊編（雙面引上針）	50
	英式鬆緊編（下針方向引上針）	51
	英式鬆緊編（上針方向引上針）	51
	3針3段的玉編	52
	5針5段的玉編	52
	中長針3針的玉編	53
	中長針3針的玉編	53
	4段編下的玉編針	54

記號	針法的名稱	頁數
	穿過右針打結（3針的情況）	54
	右引出線的打結（3針的情況）	55
	左引出線的打結（3針的情況）	55
	穿過左針打結（3針的情況）	55
	滑針（1段的情況）	56
	浮針（1段的情況）	56
	捲3次打結	56
	上針的滑針（1段的情況）	57
	上針的浮針（1段的情況）	57
	右上3針交叉	60
	左上3針交叉	60
	1針編入2加針（下針）	112
	1針編入2加針（上針）	112

索引的使用方法

這份針目記號一覽表設計成，一翻開即可拉出書本的樣式。請一邊觀看作品的編織方法，一邊善用索引。編織其他書籍的作品時，將本書放在身旁也會很有幫助。

STEP 4

STEP4終於要挑戰編織毛衣了！
本章會介紹編織毛衣所需的各項
技巧，比如起針、連接各部分和
製作造型等。

也會詳細解說V領
的編織方法。

挑戰令人憧憬的
艾倫島樣式！

背心是最容易編織的毛衣款式，
關鍵在於V領的織法。愛爾蘭艾
倫島花樣充滿典雅的氛圍。

V領背心
➡ P.149

藍毛衣
➡ P.152

島嶼樣式的藍色毛衣為有袖毛衣的基
本樣式，請務必學會接上衣袖的技
巧。圓領請一邊編織花紋，一邊減針
以製作出弧度。

就連口袋都
可以編織。

長版背心
➡ P.153

前身片為編織縱向島嶼紋路的開襟背
心，且使用了各式各樣的技巧，像是
製作扣眼時邊往縱向編織，或是口袋
的製作。

主要介紹備受歡迎的編織樣式，以及熟悉後會很便利的技巧。作品刊載著容易編織且樣式可愛的小物。

編織經驗不到1年的讀者也能編出來！

裙子
➡ P.80

不須加針或減針，直接編成環狀的短裙。此設計只須重複編織小圖樣，相當簡單。

帽子
➡ P.82

設計成雪花圖樣的帽子。用2種顏色編織成的簡單樣式，看起來既復古又時尚。

可愛的北歐雜貨風格。

可以伸出拇指的設計是造型重點。

手套
➡ P.84

用細線編織成色彩繽紛的手套。來回編織後在小指方向收針，接著編織成環狀。

‖ Contents ‖

本書是在2010年所發行的《いちばんよくわかる棒針あみ的基礎》一書，加入
新作品和技巧後，增補改訂的版本。

本書所刊載之作品禁止複製後販售（實體店、網路商店等）。請只在享受製作手
工作品的情況下使用本書。
本書所刊載之「針目插圖」為日本ヴォーグ社的原創作品。嚴禁轉載。

在本書中，工具類是Clover（クロバー株式會社）的商品，毛線則使用Hamanaka
（hamanaka株式會社 リッチモア營業部）的Spectre Modem。

棒針編織的基礎

「起始」的第一步，從棒針和線的拿法學起。

本章會循序漸進介紹起針、收針、下針和上針等編織方法，

而且這些技巧是所有棒針編織作品的基礎，

所以請確實地熟練吧。

開始編織之前⋯ 準備篇

棒針的知識

棒針的粗度是由軸的直徑而定。用0號、1號、2號⋯⋯號碼表示，數字越大表示棒針越粗，到15號為止都是用「號」表示，之後用mm表示的棒針稱為Jumbo針。

種類有單頭棒針2本針、尖頭棒針4本針或5本針、用尼龍繩連接2根短棒針的輪針，請依照編織的作品分開始用。材質有竹子、塑膠、金屬等。

棒針的種類

單頭2本針

用於來回編織，單側附原頭是為了防止掛在棒針上面的線從後方滑落。編織小件作品時，也有短的2本針。

5本針・4本針

用於編織環狀，或是針數太多、無法全部掛在1根棒針時。可以從兩端開始編織，而且只要裝上針套，即能作為2本針使用。另有短針的類型。

輪針

用於編織環狀。不用擔心線會從針的後方滑落，再加上前端的棒針短而小，故用於來回編織也很方便。常用的長度為40cm、60cm、80cm，但也有120cm或23cm的尺寸。

棒針的實物尺寸圖

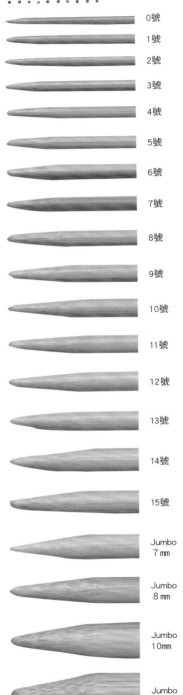

0號	
1號	
2號	
3號	
4號	
5號	
6號	
7號	
8號	
9號	
10號	
11號	
12號	
13號	
14號	
15號	
Jumbo 7 mm	
Jumbo 8 mm	
Jumbo 10mm	
Jumbo 12mm	

其他用具

本頁介紹許多便利的道具，像是編織必備的縫針和剪刀等。

縫針
用於固定針目、縫合、補綴、編織完後修整線頭、刺繡等。圓形的針頭，使毛線不易分岔。

目數環
用於做記號，像是編織時環狀可記錄段數、數目較多時可計算針數、編織花樣時可標示位置等。穿過棒針後使用。

段數別針・段數針環
作為段數的紀號，段數別針是不易從針目脫落的安全別針。另可作為目數環使用。

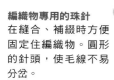

編織物專用的珠針
在縫合、補綴時方便固定住編織物。圓形的針頭，使毛線不易分岔。

針套
裝在棒針的兩端，防止編織好的毛線滑落。

布尺
用於確認編織物的尺寸。

棒針專用的固定針
熨燙成品的時候，可以把成品牢牢地固定在熨斗桌上面。

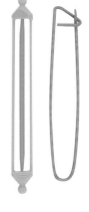

別針
用於暫時固定針目。雙開頭別針（左）很方便，只要打開兩側的扣環，即能直接作為棒針使用。

編織用線卷
用於以多種顏色的線編織圖樣的時候。毛線可以暫時固定在凹槽裡面。

剪刀
刀尖很細，適合用於經常需要裁剪的手工藝品。

麻花針
用於編織交叉花紋。另有U字形款式，針目不易脫落，方便使用。

鉤針
用於起針、縫合、補綴、玉編的時候。鉤針和棒針一樣有各種粗細，故請搭配毛線的粗細使用。

棒針・用具（剪刀除外）／CLOVER

毛線的知識

雖然統稱為「毛線」，但種類卻是五花八門。除了有羊毛、棉和麻等不同的材質之外，也有傳統的筆直毛線、圈圈紗毛線、馬海毛毛線、粗花呢毛線以及冰島羊毛毛線等豐富的形狀。

初學者最容易上手的是中粗到極粗左右的筆直毛線，但如果要編織作品，不妨選擇粗花呢毛線等，接近筆直又帶點造型的毛線。尚未習慣編織的時候，也常發生針目大小不一的情況，但若毛線帶點造型，即能掩飾這些缺點，以提升完成度。

除此之外，馬海毛等長毛的毛線容易打結，請特別留意。再者，筆直的細毛線編織起來比較慢，所以比較花時間。稍微習慣這些毛線後，請試著挑戰看看。

比較毛線的粗細和適合編織的棒針號數

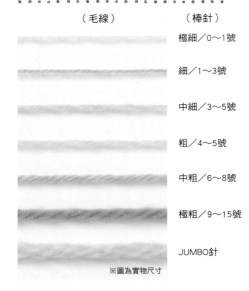

（毛線）	（棒針）
	極細／0～1號
	細／1～3號
	中細／3～5號
	粗／4～5號
	中粗／6～8號
	極粗／9～15號
	JUMBO針

※圖為實物尺寸

標籤的標示

黏在毛線球上面的標籤，記載著該毛線的所有資訊。標籤不要立刻丟棄，請保留到編織完成。

毛線的名稱

色號

毛線的重量和長度
藉由毛線的重量和長度，即能了解毛線的粗度。若重量相同，則長度越長，線越細。

建議針號
編織此毛線時最適合的棒針粗細。使用的針會因編織者所用的針法和喜好而異，即使不是這種粗細也沒關係。

リッチモア
スペクトルモデム

COL. 9 LOT. A

4 977444 977099

品質 毛100%
標準狀態重量40g玉卷(約80m)
標準ゲージ 18目23段
參考使用針 棒針8～10號
使用針 ハマナカアミアミ手あみ針
お取り扱い方法

缸號
毛線染色時所用的染缸之編號。即使色號相同，也可能因染缸的不同而出現些許色差。購齊毛線的時候，必須留意。

毛線的材質・品質

標準的密度
用標示的棒針編織平面織時，在10cm正方形織片上能夠編織的標準針數和段數。可以作為編織作品時的參考。

毛線的洗淨方法
與成衣相當，上面會標示洗滌、熨燙等清潔方式。

嘗試各式各樣的毛線編織

只要毛線的粗細和形狀不同，即使編織成相同的織片，也會有所差異。

漸層的Lily-yarn（8號）

馬海毛（4號）

筆直毛線（6號）

馬海毛（8號）

粗毛呢毛線（9號）

筆直毛線（5號）

馬海毛（3號）

筆直毛線（4號）

圈圈紗毛線（11號）

竹節紗毛線（9號）

馬海毛毛線（7號）

開始編織看看吧！

從毛線球中取出線頭開始

毛線球依照標籤的方向拉出線頭後，即可開始編織。當找不到線頭時，請把中間的線稍微集中拉到外面，即能找到線頭。如果從毛線球外側的另一端線頭開始編織，就會因毛線球不易轉動而難以編織，故請從內側的毛線開始使用。

若是標籤穿過中央孔洞的甜甜圈狀毛線球，請先拆下標籤，再用相同的方式拉出線頭。標籤上有此毛線的所有資訊，故請妥當保管，切勿丟棄。

基 本 的 起 針 法

開始編織的第一針稱為「起針」。本階段將會介紹4種基本的起針方法。

手指掛線的起針

這是最常用的基本起針法，而且具備適度的伸縮性，能夠作為各種編織物的起針。

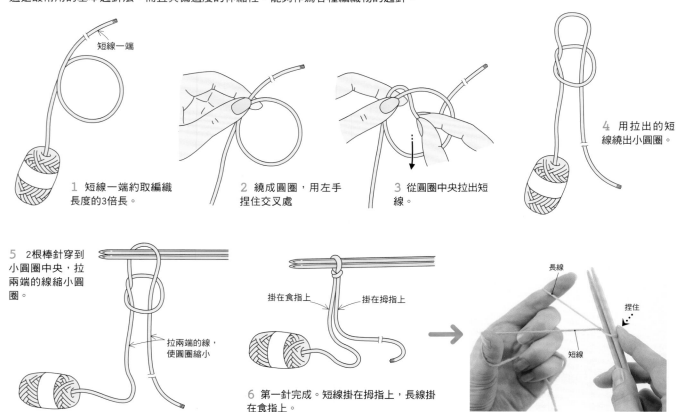

短線一端

1 短線一端約取編織長度的3倍長。

2 繞成圓圈，用左手捏住交叉處

3 從圓圈中央拉出短線。

4 用拉出的短線繞出小圓圈。

5 2根棒針穿到小圓圈中央，拉兩端的線縮小圓圈。

拉兩端的線，使圓圈縮小

掛在食指上　掛在拇指上

6 第一針完成。短線掛在拇指上，長線掛在食指上。

長線

捏住

短線

線掛好的模樣。

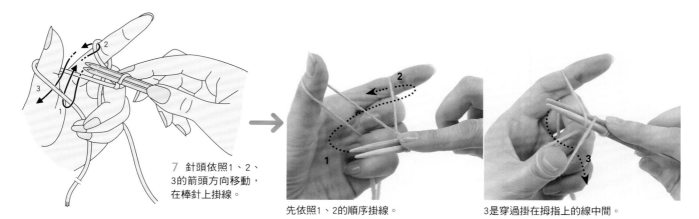

7 針頭依照1、2、3的箭頭方向移動，在棒針上掛線。

先依照1、2的順序掛線。

3是穿過掛在拇指上的線中間。

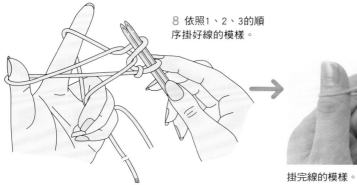

8 依照1、2、3的順序掛好線的模樣。

掛完線的模樣。

♥caution!

請拉緊掛在左手的線，持續編織。

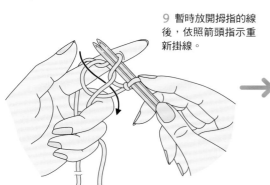

9 暫時放開拇指的線後，依照箭頭指示重新掛線。

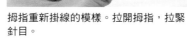

拇指重新掛線的模樣。拉開拇指，拉緊針目。

線拉緊了，第2針完成。重複7～9編織需要的針數。

拉出1根 ⟶

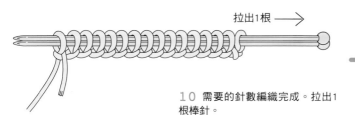

10 需要的針數編織完成。拉出1根棒針。

起針就算第1段！

手指掛線的起針完成。

17

別線的起針

在製作毛衣的下襬和袖口等，稍後想往反方向編織時，便會用鉤針編織出第一針。別線在編織完成後會拆除，並且挑針，所以會用另一條線編織，而非原線。

毛線的掛法和鉤針的拿法

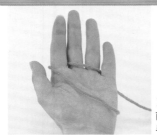

1 線頭放在眼前，如圖般在左手上掛線。

2 用拇指和中指捏著線頭，再伸出食指，拉緊線。

鉤針請用拇指和食指輕拿，再用中指托住。掛鉤請朝下。

編織別線　※用另一條線編織，而非原線。

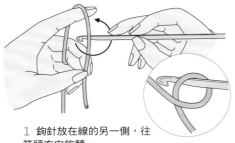

1 鉤針放在線的另一側，往箭頭方向旋轉。

用拇指和食指固定

2 用手指固定線的交叉處，將線掛在鉤針上。

線掛好的模樣。

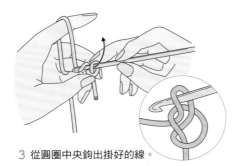

3 從圓圈中央鉤出掛好的線。

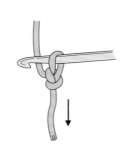

4 拉緊線，使圓圈縮緊。

縮緊的模樣。

5 重複在鉤針上掛線後鉤出，以編織稍微多於必要針目的鎖針。

6 最後再次掛線，引拔鉤出。

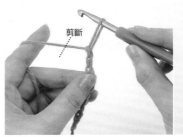

剪斷

引拔鉤出後，將鉤針直接往上拉。毛線剪成適當長度。

別線編織完成

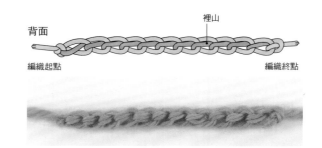

別線裡山的挑法　※使用原線。

正面

背面

裡山

編織起點　編織終點

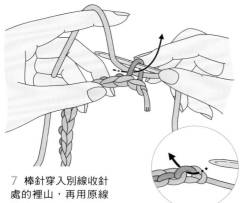

7　棒針穿入別線收針處的裡山，再用原線挑針。

棒針穿入裡山，逐一挑起每個針目。

這是第1段！

挑完針的模樣。

8　挑出必要的針目。

編織到第8段的模樣。編織出許多的鎖針後，如有多餘的鎖針，也能直接保留。

♥caution!

請留意當棒針穿入裡山時，請避免棒針插在毛線之間，以免後續無法拆除。

×

原線的起針

用原線編織鎖針，鎖針後續不會拆除，而是直接當作編織物的邊。收針處的伏針固定（←P28）和起針的模樣相同。

1　用鉤針編織出必要針數後，最後的針目移動到棒針上。移動的針目為第1針。

2　棒針穿入裡山的第2針目後，依照箭頭指示將線引出。編織物的邊角完成。

3　從裡山的1山開始逐一挑起每個針目。挑起的段數算作第1段。

重點是鎖針目要搭配編織物的尺寸，編織出適當的大小。

編織到第8段的模樣。

輪編的起針

此起針用於製作帽子和手套等，需要反覆編織環狀。使用4根、5根棒針，或是輪針。

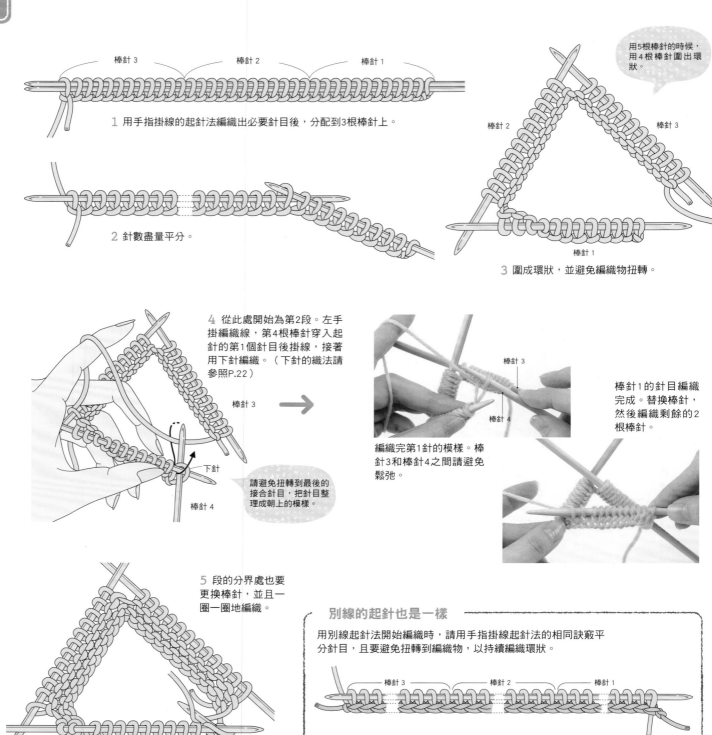

棒針 3　　棒針 2　　棒針 1

1 用手指掛線的起針法編織出必要針目後，分配到3根棒針上。

2 針數盡量平分。

用5根棒針的時候，
用4根棒針圍出環狀。

棒針 2　　棒針 3

棒針 1

3 圍成環狀，並避免編織物扭轉。

4 從此處開始為第2段。左手掛編織線，第4根棒針穿入起針的第1個針目後掛線，接著用下針編織。（下針的織法請參照P.22）

棒針 3

下針

請避免扭轉到最後的接合針目，把針目整理成朝上的模樣。

棒針 4

棒針 3

棒針 4

編織完第1針的模樣。棒針3和棒針4之間請避免鬆弛。

棒針1的針目編織完成。替換棒針，然後編織剩餘的2根棒針。

5 段的分界處也要更換棒針，並且一圈一圈地編織。

別線的起針也是一樣

用別線起針法開始編織時，請用手指掛線起針法的相同訣竅平分針目，且要避免扭轉到編織物，以持續編織環狀。

棒針 3　　棒針 2　　棒針 1

遇到這種情況呢？

棒針的分界處有如插入一條線一樣

每根棒針分界處的針目容易鬆弛，常會出現明顯的條紋狀。應時常稍微挪動分界線邊編織，就能解決此問題，不妨嘗試看看。

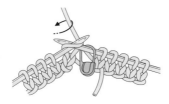  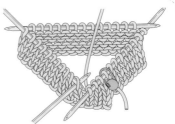

1 在第2段的編織終點扣上段數別針（或目數環），用同一根棒針稍微編織到前端。

2 編織到第2針前端的模樣。在此處更換棒針。

3 重複「稍微編織到前端後，更換棒針」，繼續編織。編織到段數別針的所在處後，第1段即編織完成。

針數多時請試著使用輪針

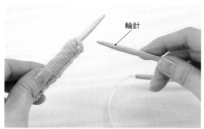

輪針

1 4根棒針的其中2根編織起針後，把針目移動到輪針上。

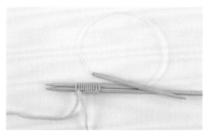

1* 輪針和1根棒針編織起針，即使抽出棒針也沒關係。

2 針目移動到輪針上。

3 扣上段數別針後，開始編織第2段。

4 第5針編織完成。緊接著繼續編織。

5 第2段完成。移動段數別針，一圈一圈編織。

6 輪針不僅能夠省略更換棒針的步驟，又沒有分界線，能編織得很漂亮。

輪針其實也有這種用法！

不編織環狀，也能一邊翻面一邊反覆編織。在針數多到2根棒針都無法收納時，就能使用，相當方便。

編織物集中在其中1根棒針上，用另一根棒針的尖端編織。

中間的花樣會掛在編織物上，因此不用擔心邊緣的針目會從棒針上掉落。

基本的編織方法

棒針編織的基本編織針法為「下針」和「上針」。

這2種針法為正、反一體的組合，下針從背面看為上針，上針從背面看即是上針。

毛線的掛法和棒針的拿法

此為左手掛線的拿法（法國式），拉緊線輕拿棒針。本書使用此方法，並搭配插圖和照片解說。

掛在左手食指上的線，穿過無名指和小指之間。

右手掛線的編織方法（美國式）。

☐ 下針（☐＝表示下針的記號）

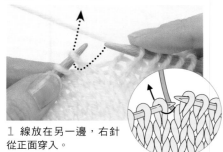

1 線放在另一邊，右針從正面穿入。

2 掛線後，棒中從正面引出。

3 線引出後的模樣。拉出左針，放掉針目。

4 下針編織完成。

☐ 上針（☐＝表示上針的記號）

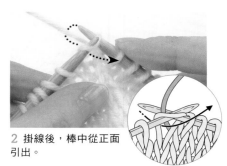

1 線放在正面，右針從背面穿入。

2 棒針穿入針目的模樣。

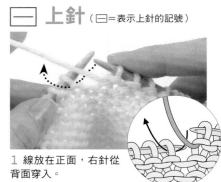

3 掛線後，棒針往另一側引出。

4 棒針引出後的模樣。拉出左針，放掉針目。

5 上針編織完成。

學會正確的針目形狀

下針

●正確的針目

○

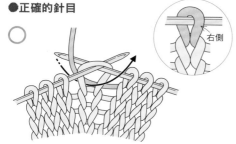

右側的線掛在針的上方,拉開線頭。

●錯誤的針目

針目扭轉

×

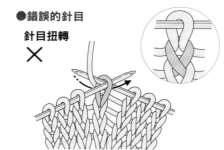

由於針穿入的方向錯誤,導致前方的針目扭轉。

針目相反

×

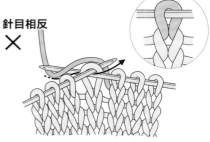

錯誤的掛法。

上針

●正確的針目

○

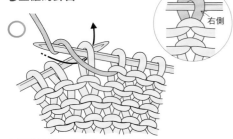

右側的線掛在針的上方,拉開線頭。

●錯誤的針目

針目相反

×

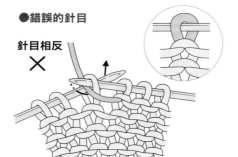

錯誤的掛法。

> 針目不小心在編織過程中掉落時,請編織出形狀正確的針目,掛回棒針上。

遇到這種情況呢?

上針無法順利編織

掛線後引出的手法不夠熟練時,只要稍微用左手輔助,就能輕鬆編織。

一邊在右針上掛線。

Pattern 1

用左手的中指或食指把掛好的線壓在下方,再引出棒針。

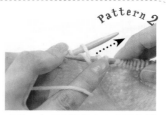
Pattern 2

或者,左手直接放在上方壓住掛好的線,再引出棒針。

♥caution!

別讓毛線分岔!

針穿入毛線之間會造成毛線分岔。線分岔後若持續編織,成品便容易變髒,因此請小心不要使線分岔。

穿入針目後分岔。

掛線時分岔。

線分岔後仍持續編織的編片。

平面編

此為下針並排的織片，也是棒針編織最常用的編織方法。從正面編織的段是編織下針，背面編織的段是上針，織片的邊角會呈圓弧狀。記號圖的看法請參照P.27。

記號圖

→⑩
←⑤
→②
①起針

11 10　　5　　　1

實際編織時…

⑩⇒　←⑨
⑧⇒　←⑦
⑥⇒　←⑤
④⇒　←③
②⇒　←①

1 用手指掛線的起針法編出11針。

第2段（從背面編織的段）

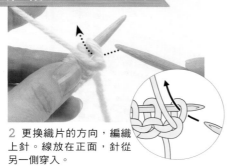

2 更換織片的方向，編織上針。線放在正面，針從另一側穿入。

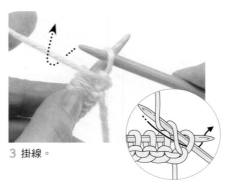

3 掛線。

4 引出掛好的線後，拉出左針，放掉棒針上的針目。

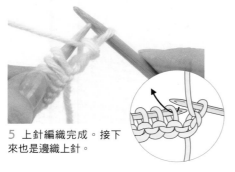

5 上針編織完成。接下來也是邊織上針。

6 第4針編織完成的模樣，直接繼續編織。

7 第2段編織完成。

第3段（從正面編織的段）

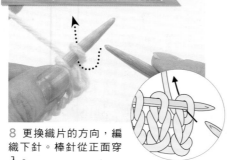

8 更換織片的方向，編織下針。棒針從正面穿入。

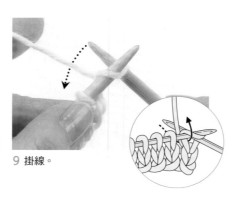

9 掛線。

10 引出掛好的線後，拉出左針，放掉棒針上的線。

11 下針編織完成。接下來也是編織下針。

12 第4針編織完成。

13 第3段編織完成。

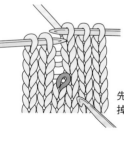

14 編織到第10段。

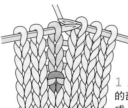

背面

從右往左編織

編織的時候都是從右往左、由上到下持續編織。每編織完1段即更換織片的方向，輪流看正反面，持續編織。

遇到這種情況呢？

針目不小心在途中掉落！

當針目不小心在編織途中掉落，或是注意到編織錯誤時，若編織方法簡單，即能輕鬆補救。

①針目掛落

先編織到針目掉落的位置。

②編織錯誤

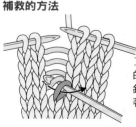

1 用下針編織的部分竟然變成上針。

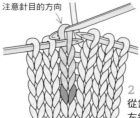

2 拆開錯誤段及上方的針目，就會變成針目掉落時的狀態。

補救的方法

用鉤針挑起掉落的針目，鉤起針目和針目之間的渡線，接著縱向引拔鉤出。

注意針目的方向

2 最後的針目從鉤針移動到左針上。

即將在STEP2出現的花式編織，是由各種編織方法組合而成，因此可能難以補救。若遇到上述情況，請拆掉錯誤段與上方的針目，重新編織。在重新編織之前，拆除的線請用熨斗燙整後（←P.148）使用。

下針和上針的各種編織方式

上針的平面編

此為上針並排的織片，花樣與平面編相反。從正面編織的段是編織上針，
從背面編織的段是編織下針。織片的邊角會呈圓弧狀。

記號圖   **實際編織時…**

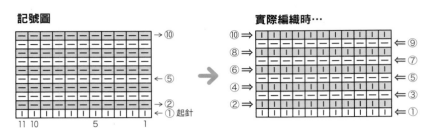

上針的平面編

起伏編

此為質地偏厚的織片，下針和上針的每段都會交替露出。從正面編織的段和從背面編織的段，
都是編織下針。織片具備往側面伸縮的性質，因此要用1根棒針編織手指掛線的起針。

記號圖   **實際編織時…**

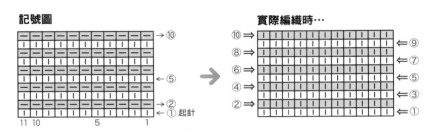

起伏編

鬆緊編

此織片為下針和上針反覆交叉編織而成，具伸縮性。有每1針交叉編織的1目鬆緊編，
以及每2針交叉編織的2目鬆緊編。

記號圖   **實際編織時…**

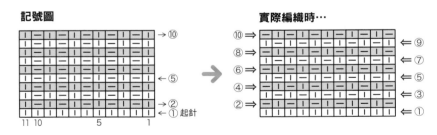

鬆緊編

桂花編

針、段規律交替編織下針和上針。有1針1段的桂花編，和2針2段的桂花編等。
此織片具立體感。

記號圖   **實際編織時…**

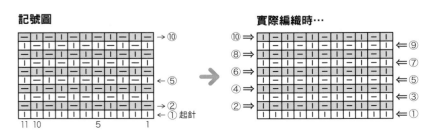

1針1段的桂花編

記號圖的標示

用於表示針目的符號稱為「針目記號」，而表示該用哪些針目組合編織的圖為「記號圖」。記號圖是從正面觀看的針目狀態，而中央的箭頭則表示編織的方向。從右到左編織的是從正面編織的段，而從左到右的是從背面編織的段（綠色格子）。

平面編的記號圖

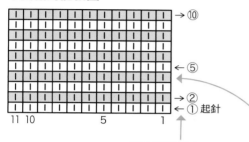

表示編織的方向。

實際編織時…

綠色格子是從背面編織的段。記號圖是下針，因此實際上是編織上針。

♥caution!

輪編依照記號圖編織

使用輪編時通常都是從正面編織的段，因此請依照記號圖編織。圖中的箭頭不論是哪一段，都固定從右向左編織。

輪編時候的記號圖

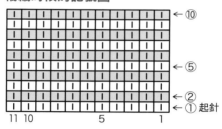

針目的形狀、名稱和數法

針目的形狀

下針和上針的1針‧1段的針目形狀。

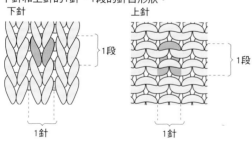

針目的稱呼

掛在棒針上的針目稱為針環；針目和針目之間連接的線稱為沉環。

針環

沉環

針目的數法

編織1針‧1段的針目時，算1行有幾個針目即為針數，而算1列有幾個針目即為段數。掛在棒針上的針目也算1段。

段數

針數

基本的收縫法

避免脫離棒針的針目鬆脫的方法稱為「收縫」。收縫有各式各樣的方法，一般都是依照用途分開
始用，而下面介紹的則是最常用的「套收針」。

套收針

此方法是使用棒針和編好的線，邊編織邊持續收縫。由於織片會沒有伸縮性，長度也會被固定，
因此在編織時要避免太緊或太鬆，然後一邊收縫。

下針的套收針

1 編織2針下針。

2 右側針目用左針覆蓋到
左側針目上。

3 覆蓋好的模樣。用下
針編織下一個針目。

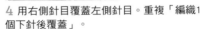

4 用右側針目覆蓋左側針目。重複「編織1
個下針後覆蓋」。

5 最後把剪好的線頭，穿過右針的針目中
間後拉緊。

上針的套收針

1 編織2個上針。

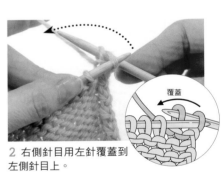

2 右側針目用左針覆蓋到
左側針目上。

3 覆蓋好的模樣。用上
針編織下一個針目。

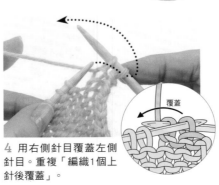

4 用右側針目覆蓋左側
針目。重複「編織1個上
針後覆蓋」。

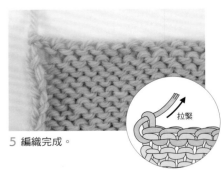

5 編織完成。

1目鬆緊編的套收針

─ 根據織片的花樣套收 ─

交替編織下針和上針的鬆緊編，請根據下方針目編織下針、上針，一邊套收。鬆緊編以外的花樣編織時，也要避免破壞花樣的造型，然後編織下針、上針，邊套收。

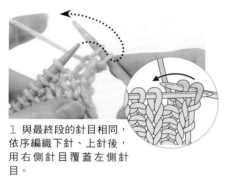

1 與最終段的針目相同，依序編織下針、上針後，用右側針目覆蓋左側針目。

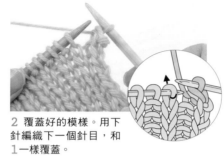

2 覆蓋好的模樣。用下針編織下一個針目，和1一樣覆蓋。

3 重複「編織1個上針後覆蓋，編織1個下針後覆蓋」，直到編織完成。

毛線的換法

有在織片邊緣換線和編織途中換線，2種毛線打結後編織方法。
織片邊緣換線的方法，在編織完成後最美觀，因此最推薦。

織片邊緣換線的方法

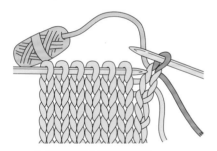

1 從邊緣接上新線後編織。

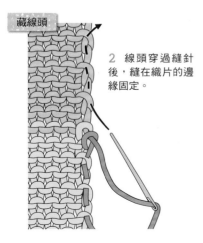

藏線頭

2 線頭穿過縫針後，縫在織片的邊緣固定。

毛線打結的方法（打結）

A B

1 B線放在上方，使2條線交疊。

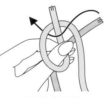

2 壓住交叉點，B線穿過A線做成圓圈。

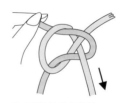

3 拉緊右下方的線。

4 打結處要編織在織片的背面。處理線頭，以免打結處鬆脫。

編織途中換線的方法

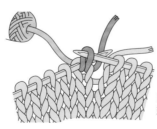

1 保留約10cm的線頭，再用新線編織。

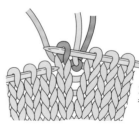

2 線頭輕繫在背面。

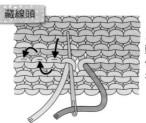

藏線頭

3 解開打結的線頭，右線穿過左側針目，使線藏在針目裡面。

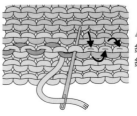

4 左線穿過右側針目，使線藏在針目裡面。

嘗試開始編織吧！

熟悉下針和上針後，就能夠開始動手編織了。
初學者請從圍巾開始嘗試！

a

b

✳ 圍巾

小鑽石圖樣並列，是稍微有點立體的編織造型。
藍色圍巾使用低調奢華的雪花粗花呢毛線。
不妨依照喜好織上流蘇。

設計／柴田　淳
製作／Stag beetle
使用的毛線／a：Hamanaka　Sonomono Alpaca Wool
　　　　　　b：Hamanaka　Aran Tweed

【圍巾的織法】

× 線…hamanaka　**a**：Sonomono Alpaca Wool　灰（44）120g

b：Aran Tweed　藍（13）80g　※線量不包含流蘇。

× 針…棒針 **a**：12號　**b**：10號

× 密度…10cm² 有花樣編織　**a**：15針×23段、**b**：16針×24段

└─ 針目的大小。記載10cm²裡面有幾針、幾段（←P65）

× 成品的尺寸…**a**：寬12.5cm、長147cm　**b**：寬12cm、長141cm

編織的重點

用手指掛線的起針方法開始編織19針，並且編織花樣。編織的花樣是反覆編織6針、6段。338段編織完成後，用下針的套收針在織片的背面收尾。製作流蘇時，請以3條20cm的線為1組，用鉤針裝在織片上。

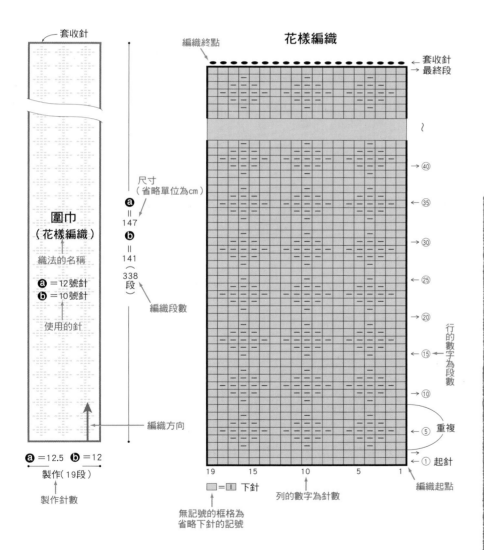

花樣編織

套收針

編織終點

編織起點

套收針
最終段

編織段數

圍巾
（花樣編織）

織法的名稱

a ＝12號針
b ＝10號針

使用的針

編織方向

a ＝12.5　**b** ＝12

製作（19段）

製作針數

尺寸
（省略單位為cm）

a
＝
147

b
＝
141
（338段）

重複

起針

行的數字為段數

列的數字為針數

編織起點

＝□ 下針

無記號的框格為
省略下針的記號

流蘇

依照喜好決定長度！

取3條約20cm的線
綁成1束共10束

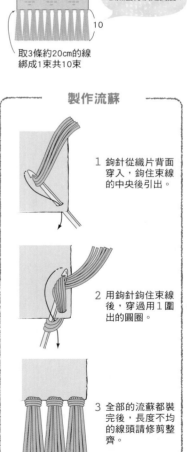

製作流蘇

1 鉤針從織片背面穿入，鉤住束線的中央後引出。

2 用鉤針鉤住束線後，穿過用1圍出的圓圈。

3 全部的流蘇都裝完後，長度不均的線頭請修剪整齊。

✳ 斗篷

搭配使用起伏編、平面編和2目鬆緊編。
在一條線的中間使用變色的漸層線，
因此能創造出質感溫和的條紋圖樣。

設計／岡本真希子　製作／大石菜穗子
使用的毛線／Rich More BACARA EPOCH

【斗篷的織法】

× 線…Rich More BACARA EPOCH　米色系漸層（250）270g

× 針…棒針8、6號（若使用輪針，請選擇60cm）

× 密度…10cm² 有平面編10針・30段、起伏編18針・24段

× 成品的尺寸…衣長37cm

編織的重點

用手指掛線的起針法開始編織202針，並用起伏編反覆編織。編織完32段後，
編織10段平面編，第11段的起點和終點要2針併1針。下一段不用翻面，接續
用下針製作編織起點的針目，並編織成環狀，之後繼續編織環狀。平面編共
編完38段後，改用6號針編織30段2目鬆緊編，但第1段要重複「編3針後，2
針併1針」，全部要減掉40針（＝減針）。最後，改用8號針編織30段，並用
套收針在編織終點收尾。

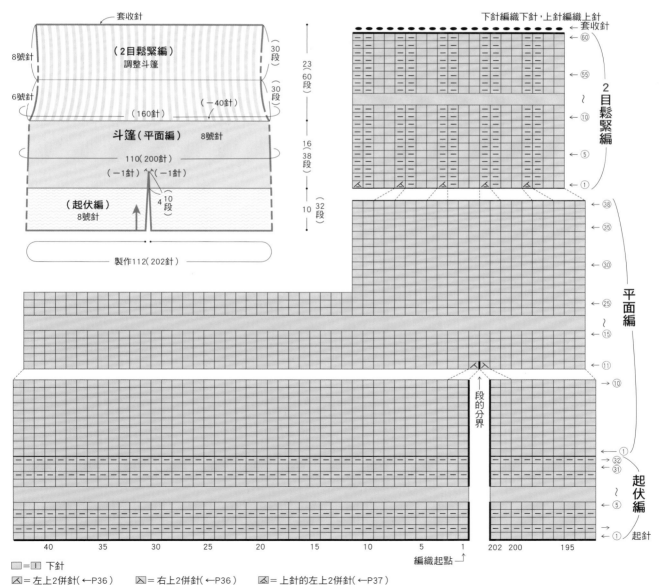

下針編織下針，上針編織上針
← 套收針

套收針

（2目鬆緊編）
調整斗篷

8號針　6號針

斗篷（平面編）　8號針

110（200針）

（−1針）　（−1針）

（起伏編）
8號針

4　10段

製作112（202針）

編織起點

23（60段）　30段　30段

16（38段）

10（32段）

2目鬆緊編

平面編

起伏編

段的分界

起針

□=Ｉ 下針

◩= 左上2併針（←P36）　　◪= 右上2併針（←P36）　　◩= 上針的左上2併針（←P37）

各種
針目記號的織法

在相關的書籍中，會出現各式各樣的編織記號。

編織記號是依照JIS（日本工業規格）所制定，

因此各種記號搭配組合後，即能呈現出複雜的花樣。

編織記號多不勝數，本篇挑出高使用率的記號，

逐一說明編織方法。

掛針

1 線從正面掛在右針上。這就是掛針。

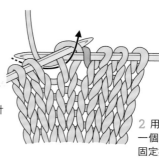

2 用下針編織下一個針目,即能固定掛針。

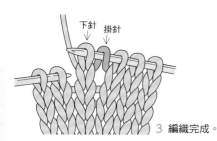

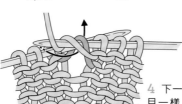

下針　掛針

3 編織完成。

4 下一段跟其他針目一樣,也要編織掛針。

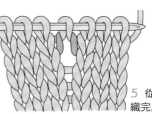

5 從正面觀看編織完成的模樣。

 套收針

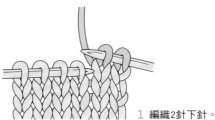

1 編織2針下針。

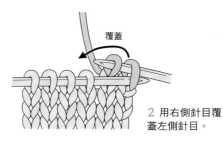

覆蓋

2 用右側針目覆蓋左側針目。

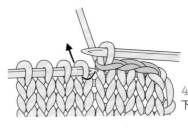

3 下一個針目也編織下針,並且和2一樣覆蓋。

4 重複「編織1針下針,覆蓋」。

 上針的套收針

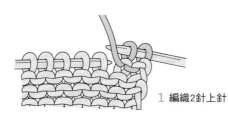

1 編織2針上針

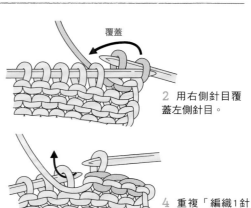

覆蓋

2 用右側針目覆蓋左側針目。

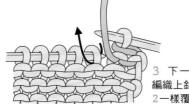

3 下一個針目也編織上針,並且和2一樣覆蓋。

4 重複「編織1針上針,覆蓋」。

⚲ 扭針

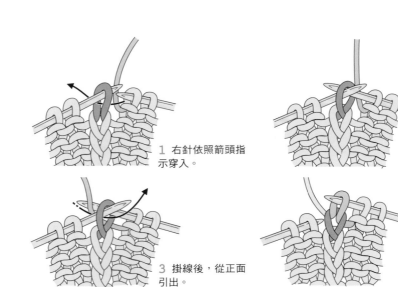

1 右針依照箭頭指示穿入。

2 針穿好的模樣。

3 掛線後，從正面引出。

4 扭針完成了。

╱ 右上2併針

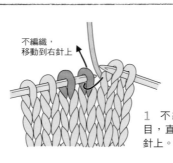

不編織，移動到右針上

1 不編織右側針目，直接移動到右針上。

2 用下針編織左側針目。

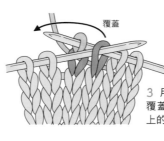

覆蓋

3 用編織好的針目覆蓋已移動到右針上的針目。

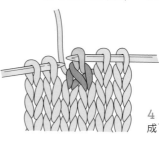

4 右上2併針完成了。

╲ 左上2併針

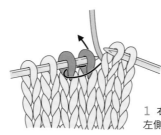

1 右針一口氣穿過左側的2針。

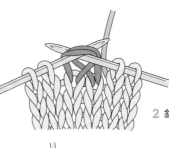

2 針穿好的模樣。

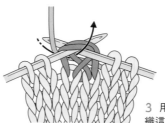

3 用下針一起編織這2針。

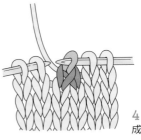

4 左上2併針完成了。

 上針的扭針

1 線放在正面，右針依照箭頭指示穿過針目。

2 針穿好的模樣。

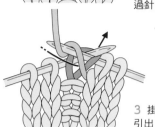

3 掛線後，從另一側引出。

4 上針的扭針完成了。

 上針的右上 2 併針

1 2針都不編織，直接移動到右針上。

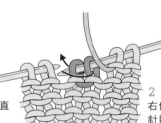

2 左針從2針的右側穿入，鉤回針目。

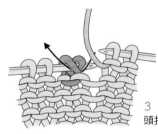

3 右針依照箭頭指示穿過去。

4 用上針一起編織這2針。

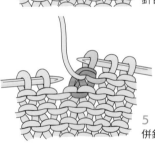

5 上針的右上2併針完成了。

 上針的左上 2 併針

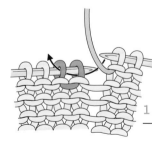

1 右針從2針的右側一口氣穿過去。

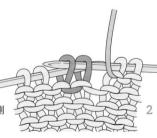

2 針穿好的模樣。

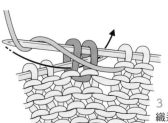

3 用上針一起編織這2針。

4 上針的左上2併針完成了。

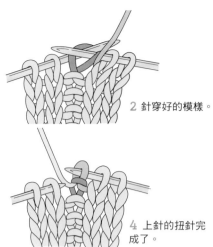

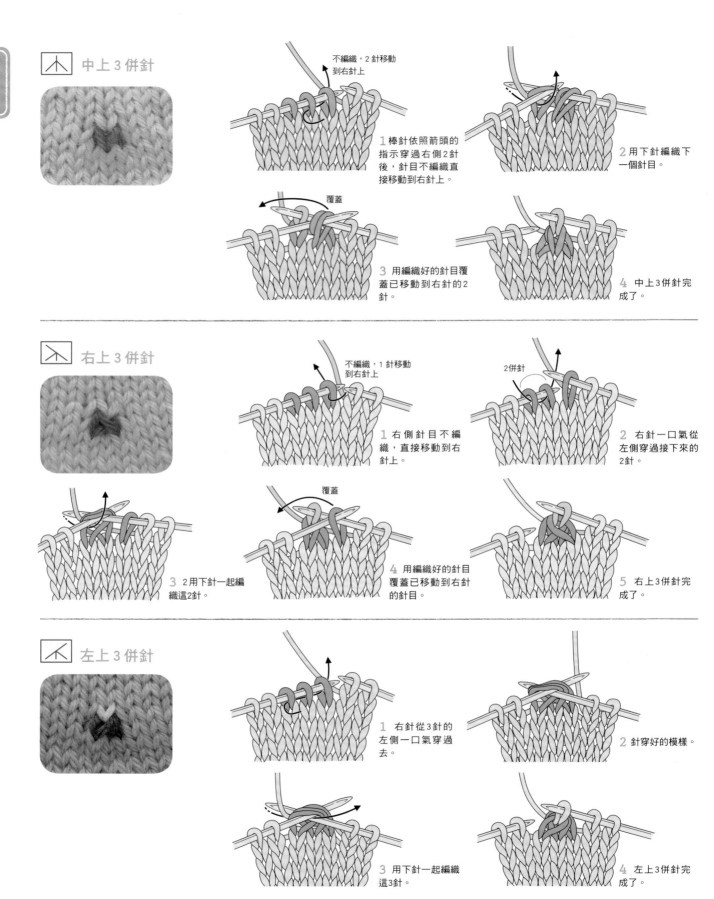

中上 3 併針

1 棒針依照箭頭的指示穿過右側2針後，針目不編織直接移動到右針上。

2 用下針編織下一個針目。

不編織，2針移動到右針上

覆蓋

3 用編織好的針目覆蓋已移動到右針的2針。

4 中上3併針完成了。

右上 3 併針

1 右側針目不編織，直接移動到右針上。

2 右針一口氣從左側穿過接下來的2針。

不編織，1針移動到右針上

2併針

覆蓋

3 2用下針一起編織這2針。

4 用編織好的針目覆蓋已移動到右針的針目。

5 右上3併針完成了。

左上 3 併針

1 右針從3針的左側一口氣穿過去。

2 針穿好的模樣。

3 用下針一起編織這3針。

4 左上3併針完成了。

 上針的中上3併針

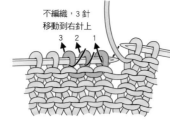

不編織，3針移動到右針上
3 2 1

1 針依照箭頭指示穿過3個針目，每個針目都不編織，直接移動到右針上（請留意，只有針目1的穿針方向不同）。

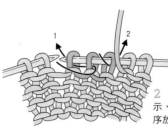

1 2

2 依照箭頭指示，如圖1、2依序放回左針上。

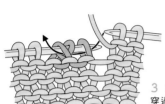

3 右針一口氣穿過3個針目。

4 用上針一起編織這3針。

5 上針的中上3併針完成了。

 上針的右上3併針

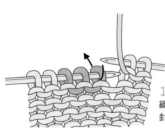

1 右側針目不編織，直接移動到右針上。

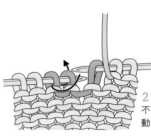

2 接下來的2針不編織，直接移動到右針上。

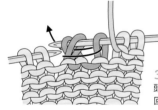

3 左針依照箭頭指示穿入，鈎回針目。

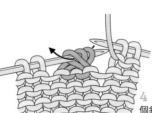

4 右針一口氣穿過3個針目，編織上針。

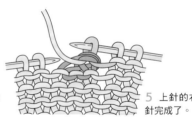

5 上針的右上3併針完成了。

 上針的左上 3 併針

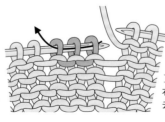

1 右針從3針的右側一口氣穿過去。

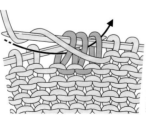

2 用上針一起編織這3針。

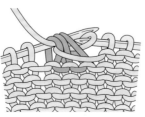

3 引出線後，拉出左針，放掉針目。

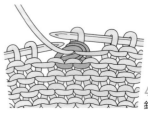

4 上針的右上3併針完成了。

 右上 4 併針

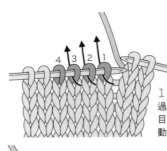

1 針依照箭頭指示穿過右側3針，每一個針目都不編織，直接移動到右針上。

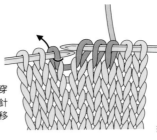

2 用下針編織第4針。

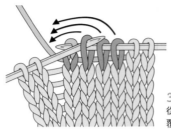

3 移動好的3針請從左依序一針一針覆蓋。

4 右上4併針完成了。

 左上 4 併針

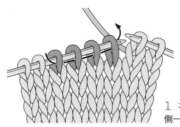

1 右針從4針的左側一口氣穿過去。

2 用下針一起編織這4針。

3 引出線後，拉出左針，放掉針目。

4 左上4併針完成了。

 中上 5 併針

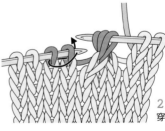

1 右針從右側3針的左側一口氣穿過去，針目不編織，直接移動到針上。

2 針從左側一口氣穿過下2針。

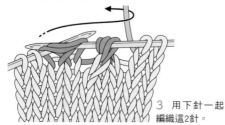

3 用下針一起編織這2針。

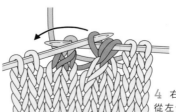

4 右側3針請從左依序一針一針覆蓋。

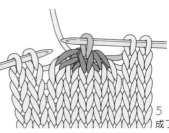

5 中上5併針完成了。

40

鏤空花樣的構造

使用截至目前所出現的針法，即能編織出規律排列的孔狀「鏤空花樣」。此花樣常常需要一下加針一下減針，因此初次挑戰也許會不知所措。請參考以下花樣的構造。

鏤空花樣的記號圖（例）

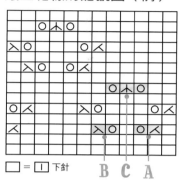

□ = Ⅰ 下針

B C A

鏤空花紋的規律

加針的掛針、減針的2併針等針目必定為一組。雖然途中要加針或減針，但總針數並無增減。

記號	說明	
○	掛針	……… 加針的織法
／	左上2併針	
＼	右上2併針	複數的針目減掉1針的織法
⋏	中上3併針	

編織時請注意

經常發生一不留神便忘記編織掛針和2併針，但「查覺時卻發現針數不正確！」的情況。尚未熟練時，請在編織的同時確認框格上的針數。

A … ○／ 左上2併針和掛針

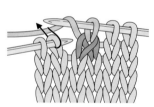

1 用左上2併針把2針併為1針，接著掛針。

2 左上2併針和掛針的搭配組合。

B … ＼○ 掛針和右上2併針

1 掛針，接著用右上2併針把接下來的2針併為1針。

2 掛針和右上2併針的搭配組合。

C … ○⋏○ 掛針和中上3併針

1 先用掛針。

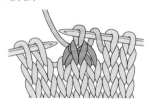

2 用中上3併針把3針併為1針。

3 再一次掛針。

4 掛針和中上3併針的搭配組合。

搭配組合的花樣 無窮無盡

□ = Ⅰ 下針

掛針和2併針沒有限制一定要相鄰，也常如圖般分隔開。此範例設計成每一段的針數都相同，但若花樣更加複雜，也可能要編織幾段後，再調整出正確的針數。

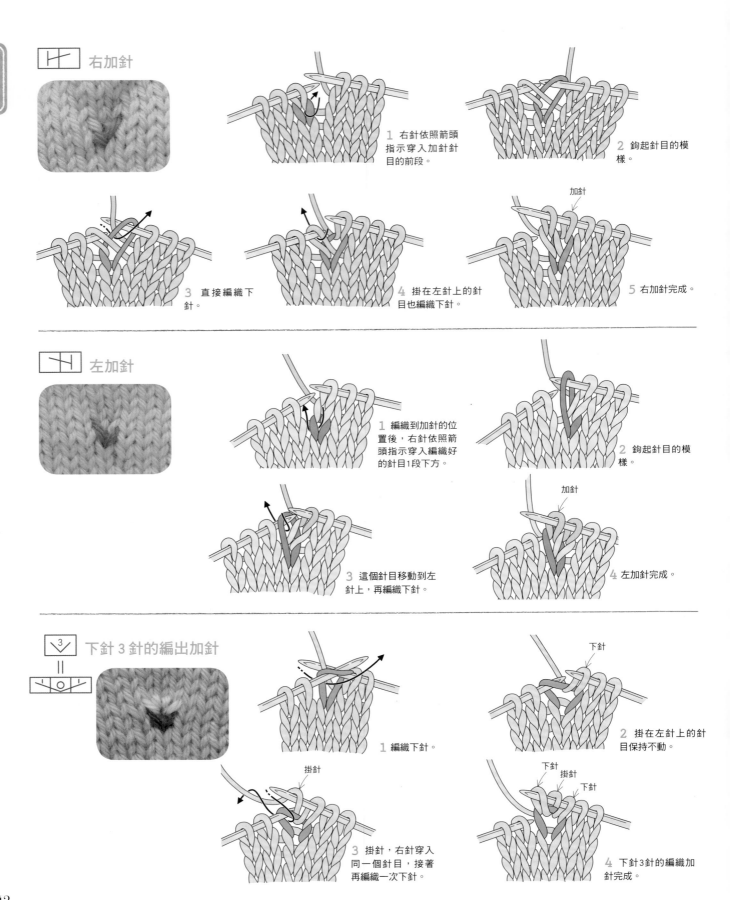

右加針

1 右針依照箭頭指示穿入加針針目的前段。

2 鉤起針目的模樣。

3 直接編織下針。

4 掛在左針上的針目也編織下針。

加針

5 右加針完成。

左加針

1 編織到加針的位置後，右針依照箭頭指示穿入編織好的針目1段下方。

2 鉤起針目的模樣。

3 這個針目移動到左針上，再編織下針。

加針

4 左加針完成。

下針 3 針的編出加針

1 編織下針。

2 掛在左針上的針目保持不動。

下針

3 掛針，右針穿入同一個針目，接著再編織一次下針。

掛針

4 下針3針的編織加針完成。

下針　掛針　下針

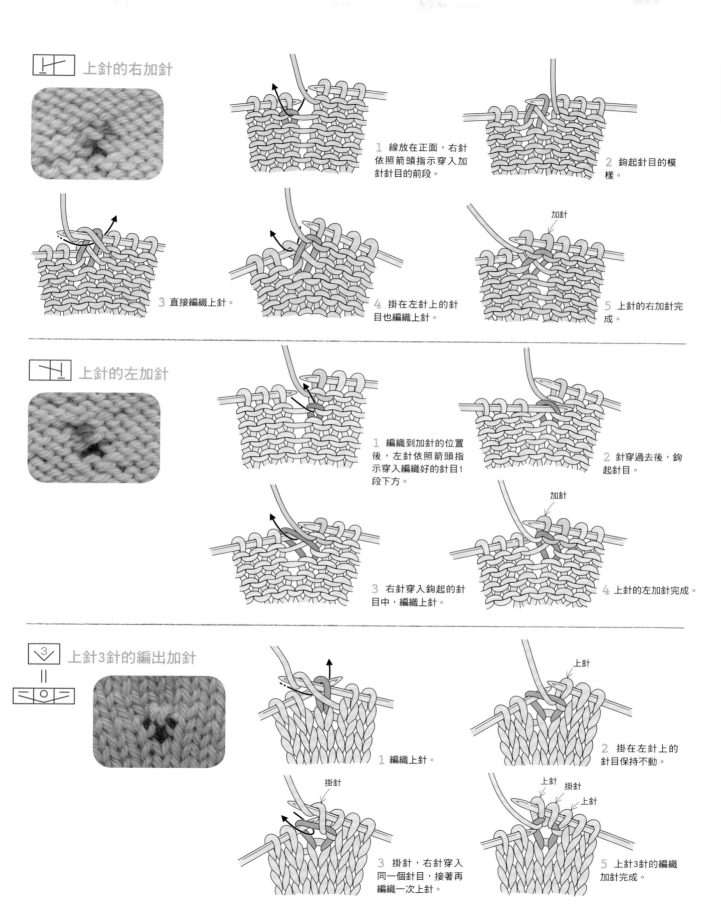

上针的右加针

1 線放在正面，右針依照箭頭指示穿入加針針目的前段。

2 鉤起針目的模樣。

3 直接編織上針。

4 掛在左針上的針目也編織上針。

5 上針的右加針完成。

加針

上针的左加针

1 編織到加針的位置後，左針依照箭頭指示穿入編織好的針目1段下方。

2 針穿過去後，鉤起針目。

3 右針穿入鉤起的針目中，編織上針。

4 上針的左加針完成。

加針

上针3针的编出加针

1 編織上針。

2 掛在左針上的針目保持不動。

上針

3 掛針，右針穿入同一個針目，接著再編織一次上針。

掛針

5 上針3針的編織加針完成。

上針 掛針 上針

✳ 右上1針交叉

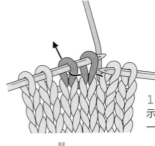

1 棒針依照箭頭指示從右側針目的另一側穿入。

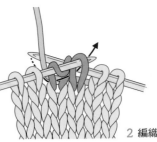

2 編織下針。

3 直接用下針編織右側針目。

4 引出線後，從左針上放掉2針。

5 右上1針交叉完成。

✳ 左上1針交叉

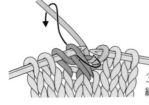

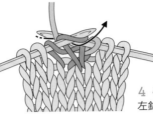

1 棒針依照箭頭指示穿入左側針目。

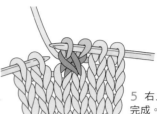

2 編織下針。

3 直接用下針編織右側針目。

4 引出線後，從左針放掉2針。

5 左上1針交叉完成。

✒ 右上扭1針交叉（下方為上針）

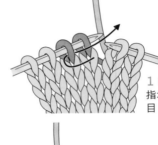

1 線放在正面，棒針依照箭頭方向從右側針目的另一側穿入左側針目。

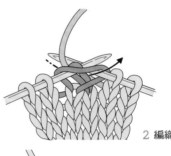

2 針從右側針目右邊穿過的針目引出後，編織上針。

3 棒針直接依照箭頭指示穿入右側針目。

4 編織下針。

5 從左針放掉2針後，右上扭1針交叉（下方為上針）便完成。

 右上1針交叉（下方為上針）

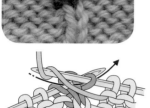

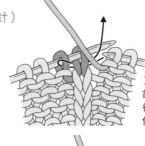

1 線放在前面，棒針依照箭頭指示，從右側針目的另一側穿入左側針目。

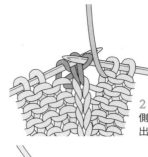

2 從右側針目右側穿入的針目引出。

3 用上針編織這個針目。

4 直接用上針編織右側針目。

5 從左針放掉2針後，右上1針交叉（下方為上針）完成。

 左上1針交叉（下方為上針）

1 棒針依照箭頭指示穿入左側針目。

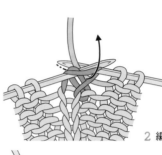

2 編織下針。

3 線放在正面，直接用上針編織右側針目。

4 引出線後，從左針放掉2針。

5 左上1針交叉（下方為上針）完成。

 左上扭1針交叉（下方為上針）

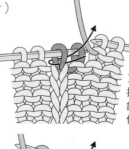

1 針依照箭頭指示穿入左側針目，再往右側引出。

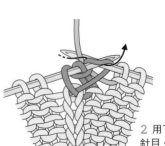

2 用下針編織這個針目。

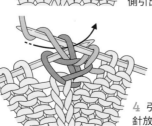

3 線放在前面，直接用上針編織右側針目。

4 引出線後，從左針放掉2針。

5 左上扭1針交叉（下方為上針）完成。

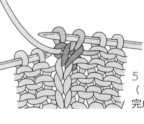

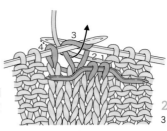 右上2針交叉

1 右側2針移動到麻花針上後，放在前側不動。

2 用下針編織3、4號針目。

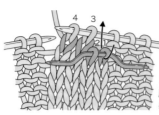

3 用下針編織麻花針上的1號針目。

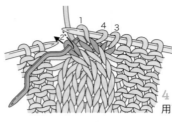

4 2號針目也用下針編織。

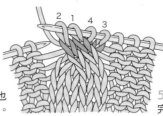

5 右上2針交叉完成。

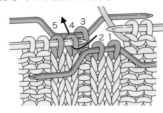 右上2針交叉（中間插入1針）

1 1、2號針目移動到麻花針上後，放在正面；3號針目移動到麻花針上後，放在後方。

2 用下針編織4、5號的針目。

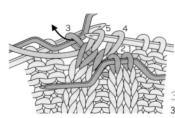

3 用上針編織3號針目。

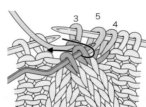

4 用下針編織1、2號的針目。

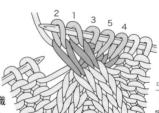

5 左上2針交叉（中間插1針）完成。

 右套左交叉針（穿過左針交叉）

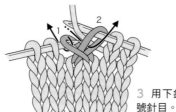

1 1、2號的針目不編織，直接移動到右針上。

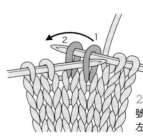

2 1號針目覆蓋2號針目後，移回左針上。

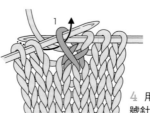

3 用下針編織2號針目。

4 用下針編織1號針目。

5 右套左交叉針完成。

 左上2針交叉

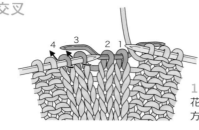

1 右側2針移動到麻花針上後，放在後方。

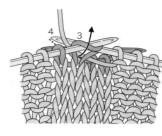

2 用下針編織3號針目。

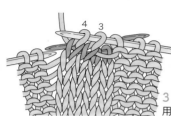

3 4號針目也用下針編織。

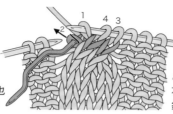

4 用下針編織麻花針上的1、2號針目。

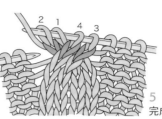

5 左上2針交叉完成。

 左上2針交叉（中間插入1針）

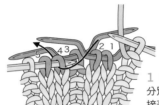

1 1號、2號和3號針目分別移動到麻花針上，接著放在後方。

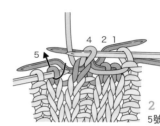

2 用下針編織4、5號的針目。

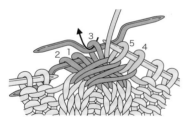

3 1、2號針目的麻花針移到前方，3號針目的麻花針移到後方，再用上針編織3號針目。

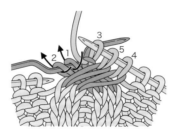

4 用下針編織1、2號的針目。

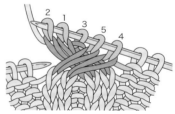

5 左上2針交叉（中間插1針）完成。

 左套右交叉針（穿過右針交叉）

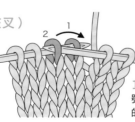

1 用2號針目覆蓋1號針目，交換兩邊的位置。

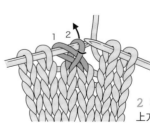

2 棒針穿入蓋在上方的2號針目。

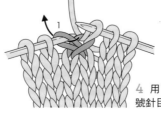

3 編織下針。

4 用下針編織1號針目。

5 左套右交叉針完成。

 右上2針與1針交叉

1 右側2針移動到麻花針上。

2 移動好的針目放在前方，用下針編織3號針目。

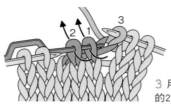

3 用下針編織麻花針上的2針。

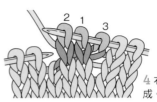

4 右上2針與1針交叉完成。

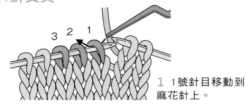 左上2針與1針交叉

1 1號針目移動到麻花針上。

2 移動好的針目放在後方，用上針編織2、3號的針目。

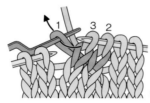

3 用下針編織麻花針上的針目。

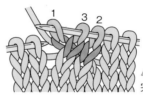

4 左上2針與1針交叉完成。

捲針（繞2圈）

繞2圈

1 棒針穿入針目，線繞2圈（記號圖的數字代表圈數），接著引出。

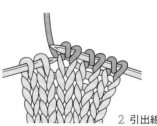

2 引出線的模樣。

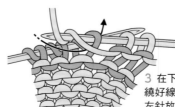

3 在下一段用上針編織繞好線的針目，接著從左針放掉。

4 繞2圈的捲針完成。捲針部分會變成稍長的針目。

 右上2針與1針交叉（下方為上針）

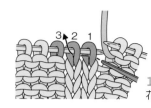

1 右側2針移動到麻花針上。

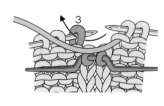

2 移動好的針目放在前方，用上針編織3號針目。

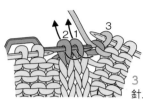

3 用下針編織麻花針上的2針。

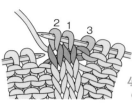

4 右上2針與1針交叉（下方為上針）完成。

 左上2針與1針交叉（下方為上針）

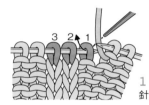

1 1號針目移動到麻花針上。

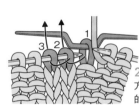

2 移動好的針目放在後方，用下針編織2、3號的針目。

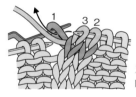

3 用上針編織麻花針上的針目。

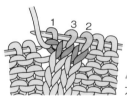

4 左上2針與1針交叉（下方為上針）完成。

 捲針（繞3圈）

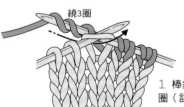

繞3圈

1 棒針穿入針目，線繞3圈（記號圖的數字表示圈數），接著引出。

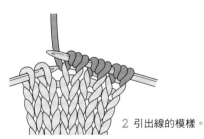

2 引出線的模樣。

3 在下一段用上針編織繞好線的針目，接著從左針放掉。

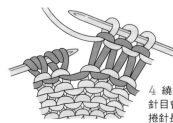

4 繞3圈的捲針完成。針目會變得比繞2圈的捲針長一些。

引上針（2段的情況）

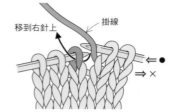

移到右針上　掛線

1 在●段，線要從前方掛向後方，接著針目不編織，直接移到右針上（不改變針目的方向）。

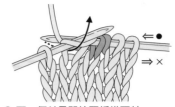

2 下一個針目開始要編織下針。

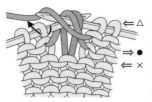

3 在△段，將前段掛好的針目，移動好的針目移到右針上（不改變針目的方向），再於掛線後，用下針編織下一個針目。

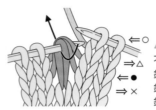

4 在○段，2段不編織即移動的針目，3條掛好的針目要一起用下針編織。

5 引上針（2段的情況）完成。

上針的引上針（2段的情況）

1 倘若×段的針目為上針，線在●段時就要放在前方，而針目則不編織，直接移到右針上（不改變針目的方向）。在右針上掛線。

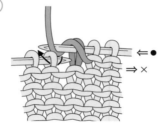

2 用上針編織下一個針目。

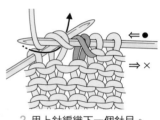

3 在△段，將前段掛好的針目、移動好的針目移到右針上（不改變針目的方向），再於掛線後，用下針編織下一個針目。

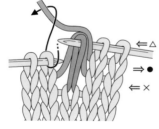

4 在○段，2段不編織即移動的針目、3條掛好的針目要一起用上針編織。

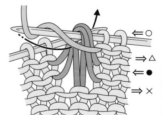

5 上針的引上針（2段的情況）完成。

英式鬆緊編（雙面引上針）

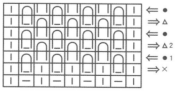

1 從●1的段開始操作。編織邊緣的下針，而上針則不編織，直接移到右針上（不改變針目的方向），接著掛線。

2 用下針編織下一個針目。

3 重複「上針不編織，移到右針上，再於掛線後，編織上針」。

4 △段的邊緣用上針編織，而下一個針目要和前段掛好的線一起用下針編織。

英式鬆緊編（下針面引上針）

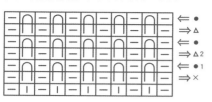

1 從●1的段開始操作。編織邊緣的上針，線放在前方，接著下針不編織，直接移到右針上（不改變針目的方向）。

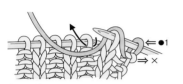

2 在移動的針目上掛線，再用上針編織下一個針目。

3 重複「下針不編織，移到右針上，再於掛線後，編織上針」。

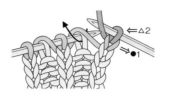

4 用下針編織△2段的邊緣，而下一個針目則和前段掛好的線一起用上針編織。

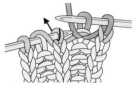

5 重複「下針不編織，上針和前段掛好的線一起編織」。

6 重複編織●和△的段後，5段下針面引上針的英式鬆緊編就完成。

英式鬆緊編（上針面引上針）

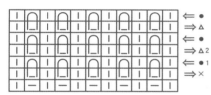
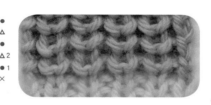

1 從●1的段開始操作。編織邊緣的下針，接著下針不編織，直接移到右針上（不改變針目的方向）。

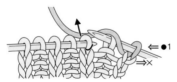

2 在移動好的針目上掛線，再用下針編織下一個針目。

3 重複「上針不編織，移到右針上，再於掛線後，編織下針」。

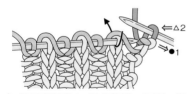

4 用下針編織△2段的邊緣，而下一個針目則和前段掛好的線一起用下針編織。

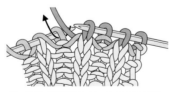

5 重複「編織上針，下針和前段掛好的線一起編織」。

6 重複編織●和△的段後，5段上針面引上針的英式鬆緊編完成。

5 重複「上針不編織，移到右針上，然後掛線；下針則和前段掛好的線一起編織」。

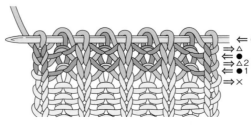

6 重複編織●和△的段後，5段雙面引上針的英式鬆緊編完成。

51

 **3針3段的玉編**

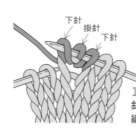

1 在1針上編織下針、掛針、下針的編織加針。

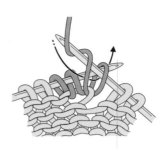

2 織片此時要翻面，接著一邊觀看背面一邊用上針編織3針編出加針。

3 再次翻面後，右側2針不編織，依照前頭指示移到右針上。

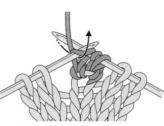

4 用下針編織第3針。

5 用移好的2針覆蓋編織好的針目。

6 3針3段的玉編完成。

  **5針5段的玉編**

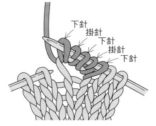

1 在同一針上重複編織下針和掛針，以編織出5針編出加針。

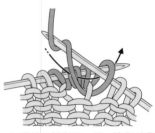

2 織片此持翻面，再一邊觀看背面一邊用上針編織已織的5針編出加針。

3 編織完成的模樣。僅5針採用平面編，接著編織2段。

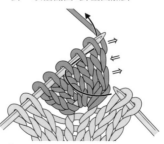

4 下一段請從右側3針的左側穿入1次針，接著不編織即移動。

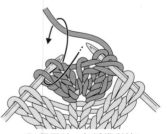

5 用下針一起編織剩餘2針。

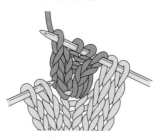

6 編織好的模樣。

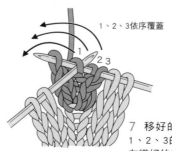

7 移好的針目依照1、2、3的順序覆蓋在織好的針目上。

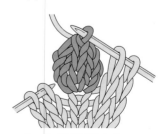

8 5針5段的玉編完成。

 中長針3針的玉編

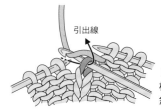

1 鉤針穿入後，從棒針放掉針目，接著鉤引出線。

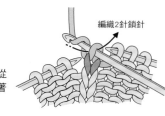

2 編織2針立起的鎖針。

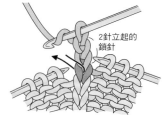

3 掛線，鉤針依照箭頭指示穿入原本的針目。

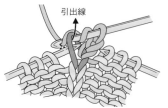

4 掛線後，輕鬆地拉出。

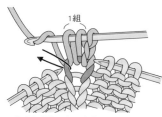

5 再重複2次3和4。

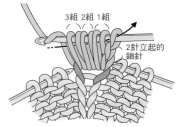

6 掛線，一口氣引拔3組的線。

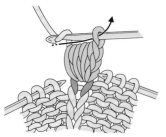

7 再次掛線後引拔，拉緊針目。

8 鉤在掛針上的針目放回棒針上。中長針3針的玉編完成。

 中長針3針的玉編

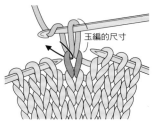

1 鉤針從正面穿入，棒針放掉針目，再於掛線後，引出玉編尺寸的線。掛線後，依照箭頭指示穿入原本的針目。

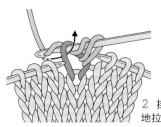

2 掛線後，輕鬆地拉出。

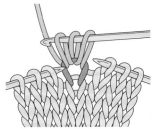

3 再重複2次1和2。

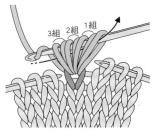

4 在鉤針上掛線後，一口氣引拔3組的線。

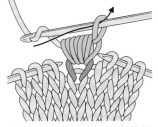

5 再次掛線後引拔，接著拉緊針目。

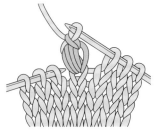

6 掛在鉤針上的針目移到右針上。中長針3針的玉編完成。

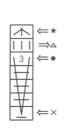

4段編下的玉編針

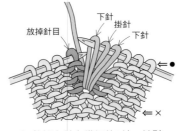

1 棒針在●段時，依照箭頭指示穿入往下數第4段的針目（×段），再編織較鬆的下針、掛針、下針。

放掉針目　下針　掛針　下針

2 放掉左針上織好的3針，並鬆開。

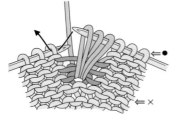

3 針目鬆開的模樣。編織下一個針目。

用上針編織

4 △段的3個針目，每一個都用上針編織。

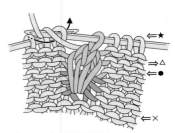

針目1用下針編織　針目2移到右針上

5 這是★段。右針依照箭頭指示穿入3目中的2目後，不編織即移動，接著用下針編織針目1。

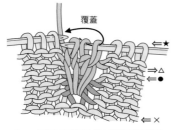

覆蓋

6 一口氣用移好的2針覆蓋織好的1針（中上3併針）。

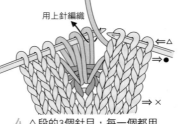

7 4段編下的玉編針完成。

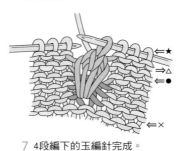

8 下一個針目開始都用上針編織。

穿過右針打結（3針的情況）

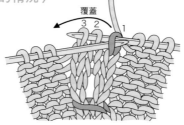

覆蓋
3 2　1

1 3針不編織直接移到右針上（僅針目1要改變針目方向再移動），用針目1覆蓋針目2、3。

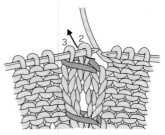

3　2

2 針目3、2放回左針上，用下針編織針目2。

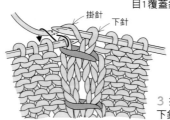

掛針　下針

3 接著編織掛針，再用下針編織針目3。

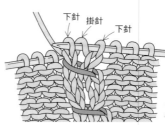

下針　掛針　下針

4 穿過右針打結（3針的情況）完成。

 | | | ▷ 右引出線的打結（3針的情況）

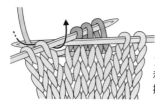

1 棒針穿入前針3和針目之間，接著掛線後拉出。

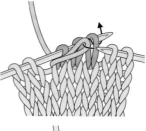

2 用左手固定住拉出的針目後，拉開棒針，接著依照箭頭指示重新穿入右針。

3 和第1針一起編織下針。

編織下針

4 用下針編織接下來的2針。

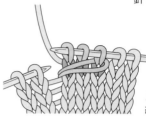

5 右引出線的打結完成。

◁ | | | 左引出線的打結（3針的情況）

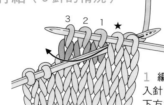

3 2 1 ★

1 編織3針後，左針穿入針目1和★針目之間的下方1段，接著掛線。

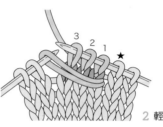

3 2 1 ★

2 輕鬆地拉出。

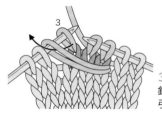

3

3 針目3放回左針上，右針穿入引出的針目。

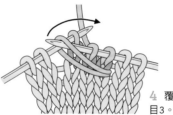

4 覆蓋針目3。

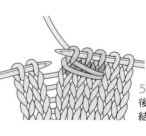

5 第3針放回右針上後，左引出線的打結就完成。

| | ○ | ▷ 穿過左針打結（3針的情況）

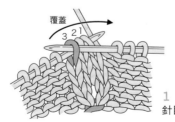

覆蓋
3 2 1

1 用針目3覆蓋針目1、2。

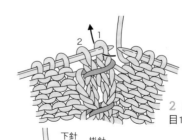

2 1

2 用下針編織針目1。

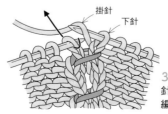

掛針　下針

3 接著掛針，針目2也用下針編織。

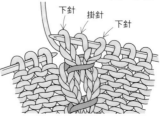

下針　掛針　下針

4 左引出線的打結（3針的情況）完成。

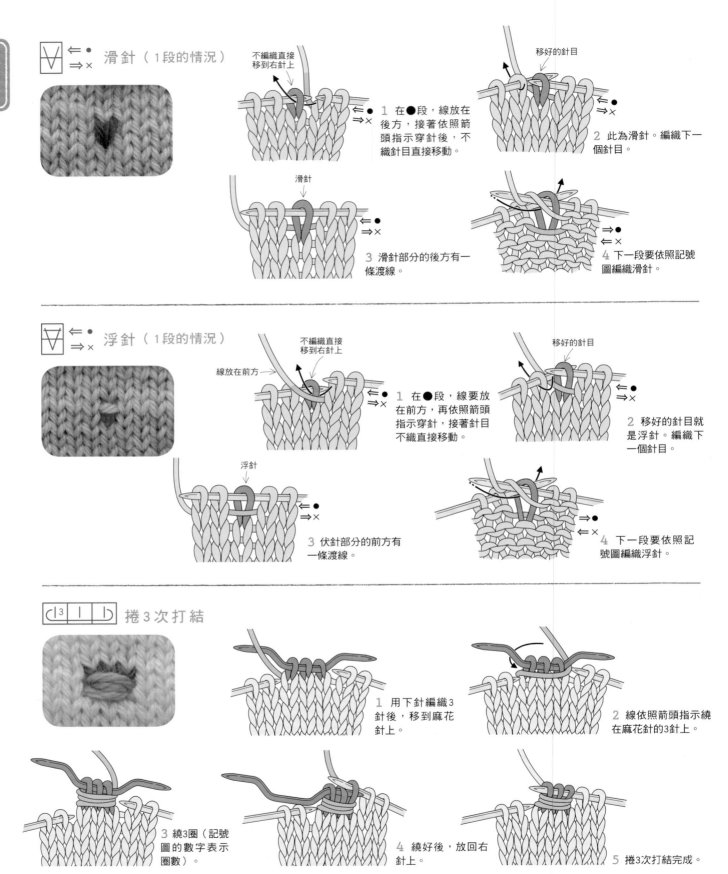

滑針（1段的情況）

1 在●段，線放在後方，接著依照箭頭指示穿針後，不織針目直接移動。

不編織直接移到右針上

2 此為滑針。編織下一個針目。

移好的針目

3 滑針部分的後方有一條渡線。

滑針

4 下一段要依照記號圖編織滑針。

浮針（1段的情況）

1 在●段，線要放在前方，再依照箭頭指示穿針，接著針目不織直接移動。

線放在前方

不編織直接移到右針上

2 移好的針目就是浮針。編織下一個針目。

移好的針目

3 伏針部分的前方有一條渡線。

浮針

4 下一段要依照記號圖編織浮針。

捲3次打結

1 用下針編織3針後，移到麻花針上。

2 線依照箭頭指示繞在麻花針的3針上。

3 繞3圈（記號圖的數字表示圈數）。

4 繞好後，放回右針上。

5 捲3次打結完成。

上針的滑針
（1段的情況）

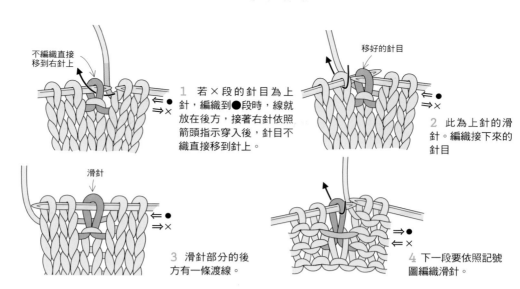

不編織直接移到右針上

1 若×段的針目為上針，編織到●段時，線就放在後方，接著右針依照箭頭指示穿入後，針目不織直接移到針上。

移好的針目

2 此為上針的滑針。編織接下來的針目

滑針

3 滑針部分的後方有一條渡線。

4 下一段要依照記號圖編織滑針。

上針的浮針
（1段的情況）

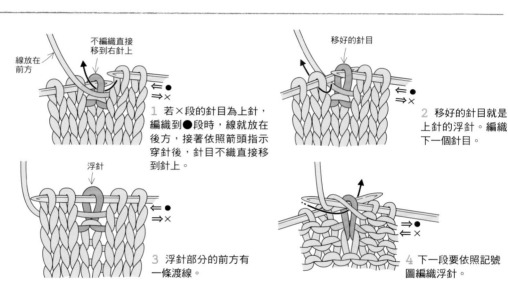

線放在前方

1 若×段的針目為上針，編織到●段時，線就放在後方，接著依照箭頭指示穿針後，針目不織直接移到針上。

移好的針目

2 移好的針目就是上針的浮針。編織下一個針目。

浮針

3 浮針部分的前方有一條渡線。

4 下一段要依照記號圖編織浮針。

花樣編織的記號圖標示

許多棒針編織的作品，都使用各種針法所組成的「花樣編織」所製成，而花樣編織的資訊皆總合在記號圖上面。以下就來確認記號圖的標示。

花樣編織

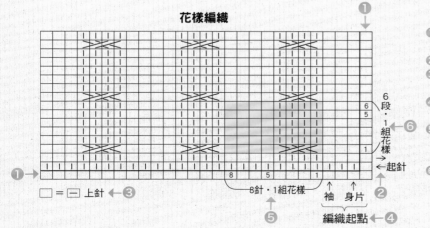

□ = ─ 上針 ←❸

8針·1組花樣

袖　身片

編織起點 ←❹

6段·1組花樣

起針

❶ 右側的一列表示段數，下方的一列表示針數。此部分沒有編織記號，故不編織。

❷ 表示編織的方向。

❸ 圖中省略針目記號時的範例。此例中的空格部分是編織上針。

❹ 若有指定起針位置的時候，就從此位置開始編織。

❺ 重複花樣的1組範圍。織法是先編織花樣針目之前的針目（身片為3針，袖片為1針），之後重複編織1組花樣、8針。

❻ 重複花樣的1組範圍。織法是先編織起針和2段，之後重複編織1組花樣、6針。編織圖的段數會從起針開始標示。

了解針目之後，能夠編織的作品就會逐漸增加。
甚至會興奮地期待下一次要編織什麼樣的作品。

✳ **襪套**

主要花紋是3針的麻花花樣。
之後編織的襪套請邊比較成品一邊編織，
以免左右腿的長度不同。務必留意喔！

設計／岡本真希子
製作／大石菜穗子
使用的毛線／Puppy Bottonato

✳ 帽子

挑戰使用和腿套完全相同的花樣編織帽子。
使用2併針減針編織，
即能依照頭形順利地織出完美的形狀。

設計／岡本真希子　製作／大石菜穗子　使用的毛線／Puppy British Eroika

【襪套的織法】

× 線…Puppy Bottonato 粉紅色（102）135g
× 針…棒針7、5號
× 密度…10cm²的花樣編織26.5針、25.5段
× 成品的尺寸…周長27cm、長46cm

編織的重點

用別線的起針編織72針，再用花樣編織製作出環狀。編織完84段後，編織1
針鬆緊編，並且用5號針編織12段，用7號針編織12段。編織中點要搭配最
終的針目，用下針編織下針、用上針編織上針，然後套收針。從別線的起針
處開始用5號針挑起針目（←P.140），再編織8段1目鬆緊編，編織終點則
用下針編織下針、用上針編織上針，然後套收針。

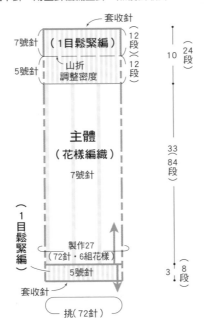

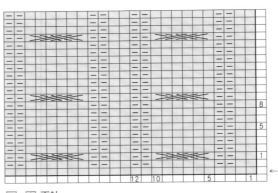

花樣編織

□ = ① 下針

＊1目鬆緊編的記號圖和帽子（P.61）通用。

左上3針交叉

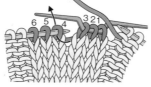 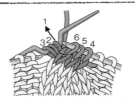 

1 右側3針移到麻花針上後，靜
置在後方，接著4～6的針目依序
從4開始用下針編織。

2 麻花針上的3針依序從1號
開始用下針編織。

3 左上3針交叉完成。

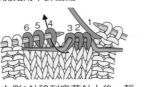
右上3針交叉

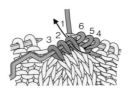 

1 右側3針移到麻花針上後，靜
置在正面，接著4～6的針目依序
從4開始用下針編織。

2 麻花針上的3針依序從1開
始用下針編織。

3 右上3針交叉完成。

＊本作品僅使用「左上3針交叉」。

【 帽子的織法 】

× 線…Puppy British Eroika 藍色（101）105g

× 針…棒針8、7號

× 密度…10cm²的花樣編織26.5針、24段

× 成品的尺寸…頭圍54cm、深21cm

編織的重點

用別線的起針法編織144針，再用花樣編織製成環狀。編織完24段後，一邊分散減針一邊束緊固定（←P.101）編織14段。編織終點要搭配最終的針目（←P.128）。 從別線的起針處開始挑起針目（←P.140），1段平均減掉36針（←P.112）。接著，編織25段1目鬆緊編，而編織終點則搭配其下一段的針目，在正面編織下針、在背面編織上針，然後套收針。

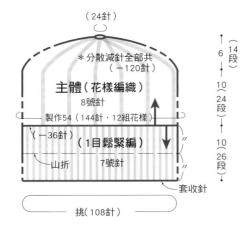

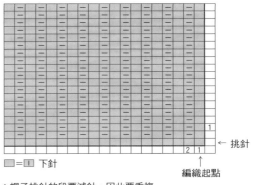

1目鬆緊編

□ = ① 下針

← 挑針

編織起點

＊帽子挑針的段要減針，因此要重複「編織2針下針，再2併針」。

主體的花樣編織和分散減針

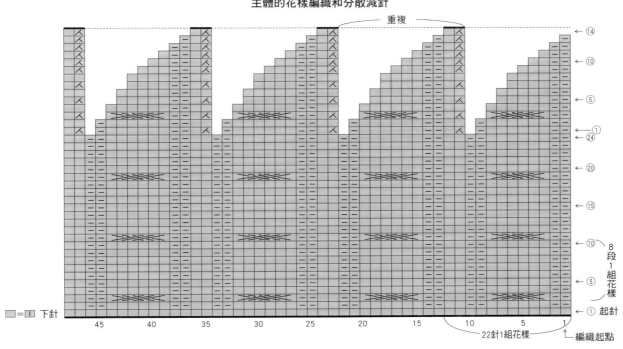

□ = ① 下針

22針1組花樣

8段1組花樣

① 起針

編織起點

✳ 背心

這件僅編織成四角形的簡單上衣，
屬於鏤空花樣的輕盈設計。
即使把衣領和衣襬顛倒，也能穿出不同的韻味。

設計／岡本真希子
製作／小澤智子
使用的毛線／鑽石牌毛線 Diamohairdeux〈Alpeaca〉

【背心的織法】

✘ 線…鑽石牌毛線Diamohairdeux 〈Alpeaca〉粉紅色（721）210g
✘ 針…棒針6號
✘ 密度…10cm²的花樣編織 **A**：18.5針26段 **B**：18.5針24段
✘ 成品的尺寸…147cm×64cm

編織的重點

用手指掛線的起針編織272針後，兩側的3針則用起伏編編織，中央用花樣編織A。編織完42段後，中央改用花樣編織B製作。編織完20段後，編織開口。開口部分請將織片分為左、右、中央3個部分，再分別編織56段，接著於下一段恢復原本的織法。編織完20段後，編織20段花樣編織A，而編織終點則用下針的套收針收尾。

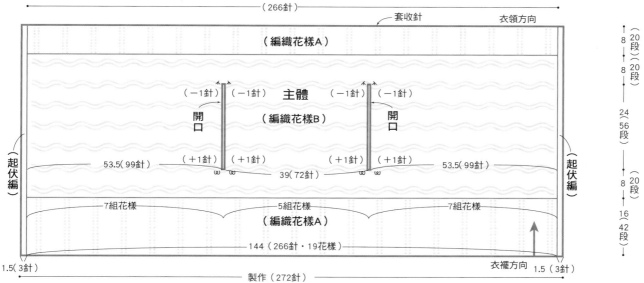

＊棒針全用6號針編織

開口的加針和減針

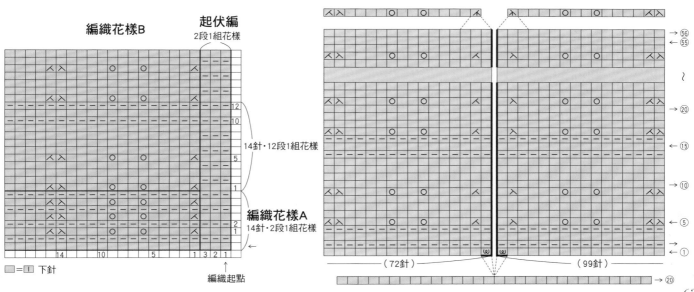

編織花樣B

起伏編
2段1組花樣

14針·12段1組花樣

編織花樣A
14針·2段1組花樣

□=Ⅰ 下針

編織起點

STEP 3

棒針編織變得更有趣的
實用訣竅

使用棒針編織製作花樣是編織好玩的地方。

本階段主要介紹編入花樣的織法及各種技巧，

並詳細記載熟習後，能派上用場的訣竅，

像是在編織前計算所需的密度、

根據扭扣大小而分開編織扣眼、

「實際上該怎麼做」等口袋的織法。

64

關於密度

「密度」經常出現在編織的術語當中，但是許多同好應該都似懂非懂吧。密度是指針目的尺寸，能夠在10cm²中數出有幾針、幾段的針目。書中的作品一定都會標示密度，而用該密度編織，即能織出和書中作品相同的尺寸。反過來說，如果自己所織的密度和書上不同，成品的尺寸便會改變。在著手編織作品前，請務必先試編，並測量密度，再開始編織。

範例是用平面編織的15cm²織片。密度為17針、23段。

Process 1

測量密度

● 決定編織的針數。為了測量密度，必須編織15～20cm²的織片。基本針數為目標作品所標示的密度之針數乘以1.5～2倍。

● 作品若為平面編即用平面編製作；倘若是花樣編織，即用相同花樣編織。段數必須把織片織成正方形。

● 編織完後，線頭剪成適當長度，再穿到縫針上，接著固定於掛在棒針的針目上。

● 用熨斗燙整針目。

● 放上直尺或量尺，數一數10cm²中的針數和段數。

Process 2

調整密度

請和作品的密度做比較。若密度幾乎相同，即可直接開始編織。若自己所織的密度和書上不同時⋯⋯

針數×段數偏多	針數×段數偏少
針目太小所導致。請嘗試改用大1～2號的棒針再織一次。	針目太大所導致。請嘗試改用小1～2號的棒針再織一次。

若您是初學者，而且無法熟練地織出相同大小的針目，不妨依照書本的標示，使用相同尺寸的棒針加以練習。試編的另一個好處，則是能夠順便熟悉毛線的觸感。

毛線標籤上的密度

毛線標籤上也記載著標準的密度，因此在編織原創作品時，皆能作為參考。

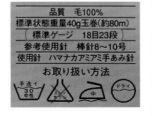

品質　毛100%
標準狀態重量40g玉卷(約80m)
標準ゲージ　18目23段
參考使用針　棒針8～10号
使用針　ハマナカアミアミ手あみ針
お取り扱い方法

Process 3

編織途中也要確認密度

用於計算密度的織片請保留，不要立刻拆除。編織作品時，可能會因為太過專注而不自覺地增加力道，但是一回過神來，密度卻已經改變。因此，編織途中請將計算密度的織片放在旁邊，偶爾確認一下。再者，即將完成卻發生「明明差一點點，線卻不夠了」等危機時，也能拆開測量密度的織片，把線拿來用。

橫條紋的花樣

此技巧使用多種顏色表現圖樣。方法分為2種：一為在織片背面橫向渡線、縱向渡線，另一則是邊用織線纏繞不織的線，邊製作花樣。基本的織法是平面編織，因此只要熟悉線的手法，操作就很簡單。

橫條紋的花樣

細條紋

製作細條紋時，不裁剪線，並且一邊在上方渡線一邊編織。

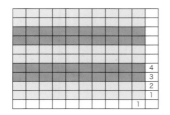

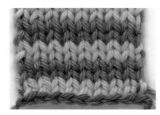

第3段 （從正面織的段）

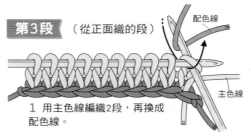

配色線
主色線

1 用主色線編織2段，再換成配色線。

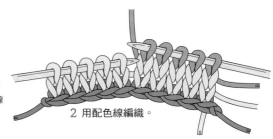

2 用配色線編織。

第4段 （從背面織的段）

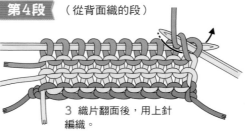

3 織片翻面後，用上針編織。

第5段 （從正面織的段）

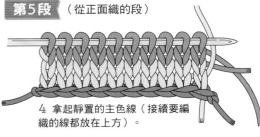

4 拿起靜置的主色線（接續要編織的線都放在上方）。

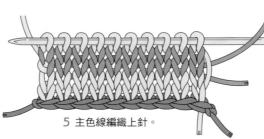

5 主色線編織上針。

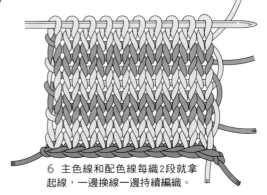

6 主色線和配色線每織2段就拿起線，一邊換線一邊持續編織。

粗線條

製作約10段的粗條紋時，每次換線都要一邊剪線一邊織。

（正面）

（反面）

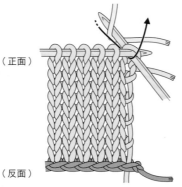

1 織好的線裁剪成約8cm，再接上新的配色線。

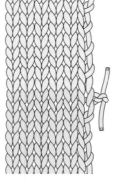

2 編織2～3段後，在邊緣稍微打結，接著繼續編織。

藏線頭

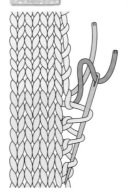

3 解開打結處後，主色線從邊緣往下穿入，接著減掉多餘的線。

4 配色線則往上方藏住線頭。

直條紋的花樣

縱向渡線的條紋

織片的成品較薄，也適用於粗線。條紋數量越多，就需要使用毛線球。

（正面）

（反面）

從正面織的段

配色線　毛線交叉

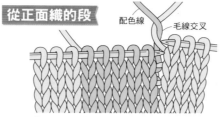

1 用主色線編織到條紋的分界處，配色線和主色線交叉。

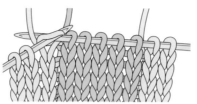

3 配色線織完後，主色線和配色線交叉，接著用主色線編織。

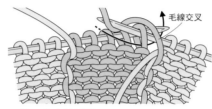

5 用配色線編織。

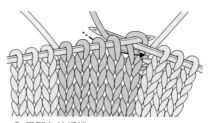

2 用配色線編織。

從背面織的段

4 用主色線編織到條紋的分界處，配色線和主色線交叉。

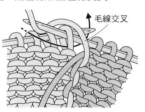

6 配色線織完後，主色線和配色線交叉。

橫向渡入主色線的條紋

主色線橫向編織，配色線縱向編織。主色線用1條線即可編織。

（正面）

（反面）

從正面織的段

1 從主色線換成配色線後編織，再把主色線越過配色線上方，接著編織1針。

3 用主色線編織到配色線的正面，再把配色線渡入主色線上方，接著編織3針。

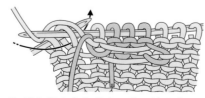

5 配色線和主色線交叉後，渡向上方，接著直接用主色線繼續編織。

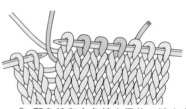

2 配色線和主色線交叉後，渡向上方，接著直接用主色線繼續編織。

從背面織的段

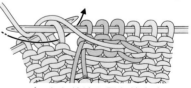

4 主色線渡入配色線上方後，編織1針。

6 正、反面從主色線換成配色線時，都是直接編織；而從配色線換成主色線時，都是用主色線織1針，再和配色線交叉。

67

橫向渡線的編入花樣

一邊橫向更換主色線和配色線一邊編織。在背面，不織的線要往橫向渡，適用於細小的花樣和橫向接續的花樣。

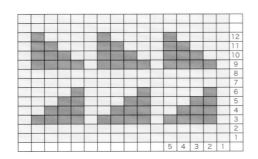

（正面）

（反面）

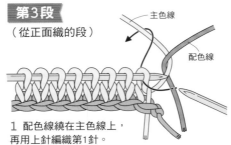

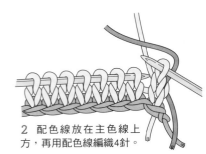

第3段（從正面織的段）

主色線

配色線

1 配色線繞在主色線上，再用上針編織第1針。

2 配色線放在主色線上方，再用配色線編織4針。

請避免渡線向上吊

3 從配色線下方拿取主色線，再用主色線編織1針。

4 接著從主色線上方取配色線後編織。換線時，主色線在下、配色線在上。

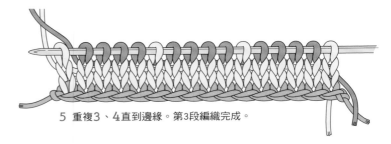

5 重複3、4直到邊緣。第3段編織完成。

第4段（從背面織的段）

6 用主色線織第1針，而配色線則放在主色線上方。

7 用上針編織第1針。第2針也用主色線編織上針。

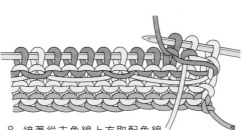

8 接著從主色線上方取配色線後，用上針編織。

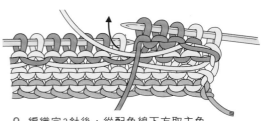

9 編織完3針後，從配色線下方取主色線，接著用主色線織2針。用相同訣竅繼續編織。

♥caution!

背面的渡線拉得太緊，就會造成織片往上吊的情況。請把不織針目的線確實渡好，再編織下一針。

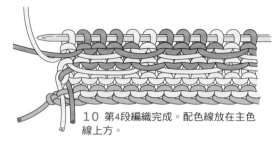

10 第4段編織完成。配色線放在主色線上方。

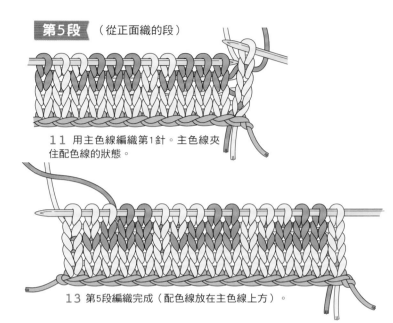

11 用主色線編織第1針。主色線夾住配色線的狀態。

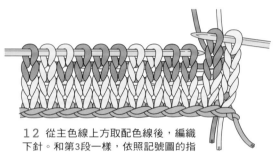

12 從主色線上方取配色線後，編織下針。和第3段一樣，依照記號圖的指示編織。

13 第5段編織完成（配色線放在主色線上方）。

第6段
（從背面織的段）

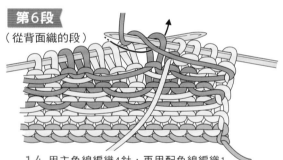

14 用主色線編織4針，再用配色線編織1針。重複用主色線織4針、用配色線織1針。

第7段 （從正面織的段）

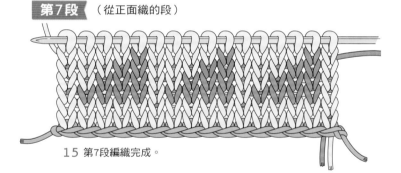

15 第7段編織完成。

遇到這種情況呢？

渡線太長容易卡住

渡線太長時，在途中塞入渡線即可。渡線長度偏短會使織片往上吊，因此請保留稍長的長度。

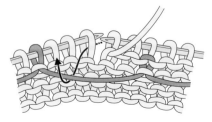

1 在背面織的段，鉤起左針的針目和渡線。

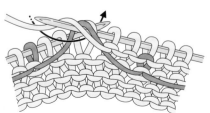

2 接著直接一起用上針編織。

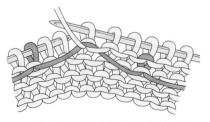

3 渡線塞入針目中的情況。繼續編織。

纏繞渡線的編入花樣

編入的花樣如果像考津毛衣般，布滿整面的大圖騰，此方法就相當適用。由於是纏繞主色線和
配色線的同時邊編織，因此能織出厚實的織片。

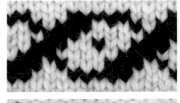

※為了說明步驟，故圖樣與照片不同。

從正面織的段

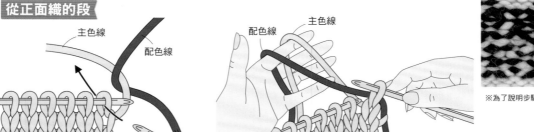

主色線

配色線

配色線

主色線

1 主色線（織線）放到後方，配色
線放到前方，並同時掛在左手上。

2 從配色線上方掛上主色線後編織。
用拇指壓住配色線，就能方便編織。

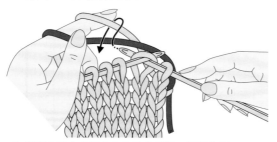

3 從配色線上方掛上主色線後編織。用拇指壓
住配色線，就能方便編織。

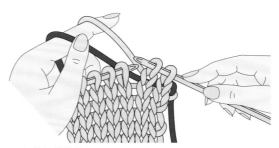

4 織好的模樣。

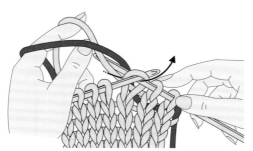

5 下一針要從配色線下方掛上主色線後編織。

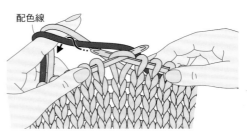

配色線

6 用主色線編織，然後重複3～5直到配色
線編織處，再編織配色線的第1針。

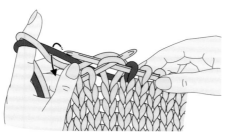

7 這是配色線的第2針。用左手拇指將主色
線拉向前方後固定，接著從上方掛上配色
線後編織。

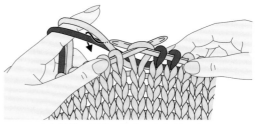

8 主色線放回原處，接著從主色線下方
掛上配色線後編織。

從背面織的段

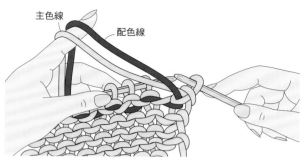

主色線

配色線

1 第1針要用配色線夾住主色線後編織。主色線放在前方，配色線在後方，並且都掛在左手上。

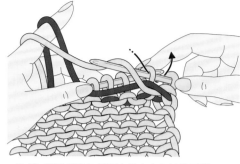

2 第2針要從配色線下方掛上主色線後編織。

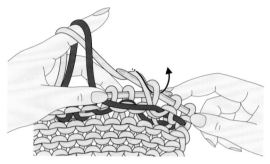

3 下一針要從配色線上方掛上主色線後編織。

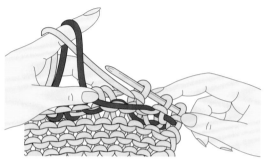

4 織好的模樣。主色線要一邊編織，一邊交叉在配色線的上、下方。

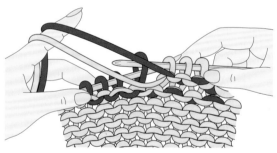

5 配色線的第1針要從主色線上方掛上配色線後編織。

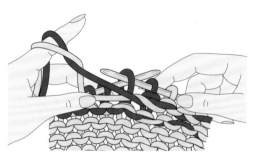

6 接著從主色線下方掛上配色線後編織。

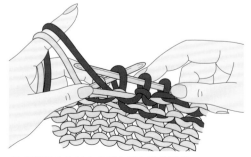

7 接著從主色線上方掛上配色線後編織。

8 織好的模樣。不斷交換主色線和配色線的上下位置，持續編織。

縱向渡線的編入花樣

適用於編織持續往縱向連接的花樣或大圖騰。一邊縱向渡線一邊編織，而且顏色越多就需要使用毛線球。為了使毛線的流向一目了然，在此用3種顏色來解說。

（正面）　　　　　（反面）

※花樣從第3段開始。

caution!

換線時，新線務必和之前織好的線交叉，再從下方渡線。如果沒有交叉就直接編織，顏色的分界處就會產生孔洞，還請留意！

第3段
（從正面織的段）

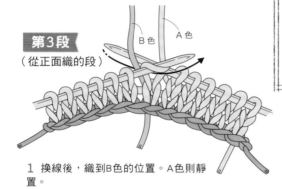

1 換線後，織到B色的位置。A色則靜置。

2 接著換成C色。

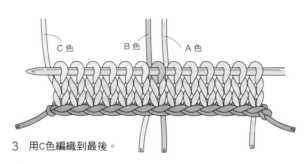

3 用C色編織到最後。

第4段
（從背面織的段）

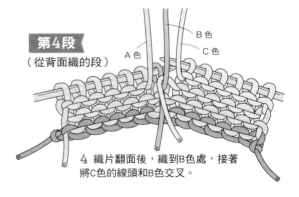

4 織片翻面後，織到B色處，接著將C色的線頭和B色交叉。

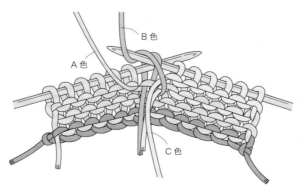

5 C色織好的線也要和B色交叉，接著用B色編織。

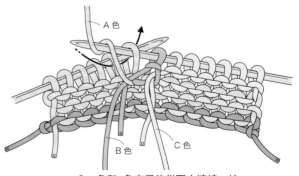

6 A色和B色交叉後從下方渡線，接著編織。

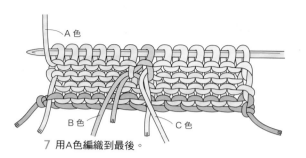

7 用A色編織到最後。

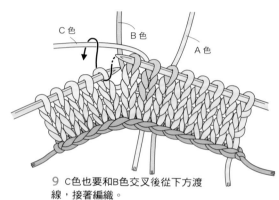

9 C色也要和B色交叉後從下方渡線，接著編織。

第6段
（從背面織的段）

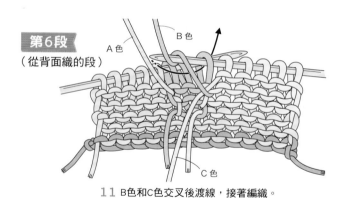

11 B色和C色交叉後渡線，接著編織。

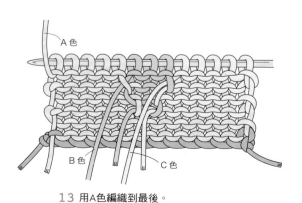

13 用A色編織到最後。

第5段
（從正面織的段）

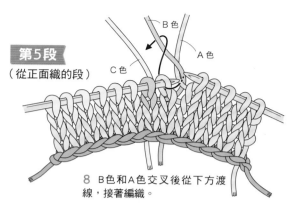

8 B色和A色交叉後從下方渡線，接著編織。

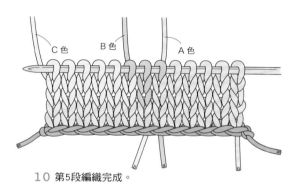

10 第5段編織完成。

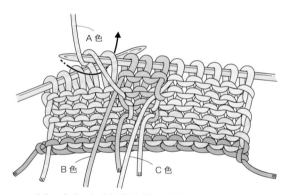

12 A色和C色交叉後渡線，接著編織。

第9段
（從正面織的段）

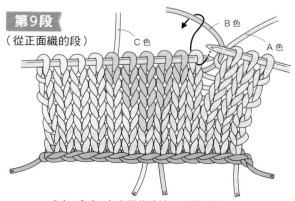

14 B色和A色交叉後渡線，接著編織。

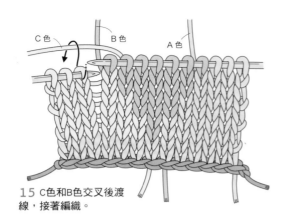

15 C色和B色交叉後渡線，接著編織。

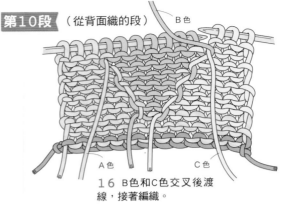

第10段（從背面織的段）

B色

A色　　C色

16 B色和C色交叉後渡線，接著編織。

第14段
（從背面織的段）

B色

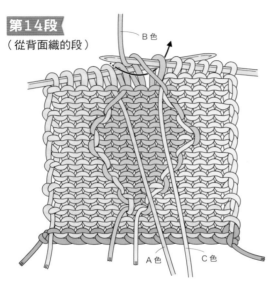

A色　　C色

17 不斷地將線交叉後渡線，接著編織。

第16段
（從背面織的段）

B色

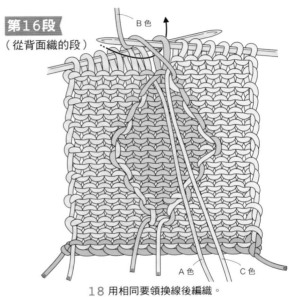

A色　　C色

18 用相同要領換線後編織。

第17段　（從背面織的段）

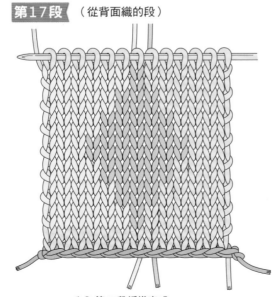

19 第17段編織完成。

藏線頭

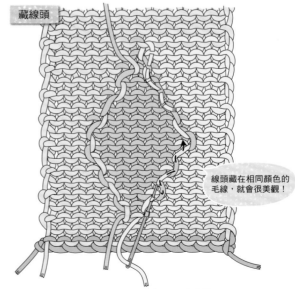

線頭藏在相同顏色的毛線，就會很美觀！

20 一邊把縫針穿在渡好線的渡線上，一邊藏線。

平針刺繡

此方法適用於製作較小的單獨花樣，
或是想在編入花樣中增加顏色時。

拉線，使圖樣和針目
呈現相同大小。

縱向刺繡

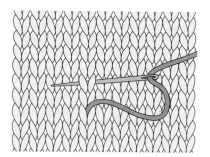

1 從背面的1針中間出針後，針穿過1段
上面的逆八字針目的2條線，接著拉出縫
線。

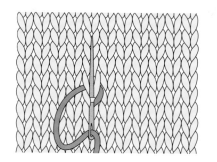

2 在剛才出針的位置入針，再從相同針目
的中間出針。

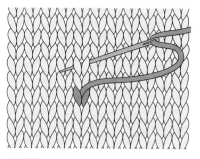

3 重複1、2。

橫向刺繡

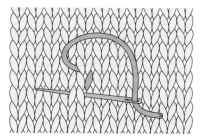

2 和1縱向刺繡的方法相同。在剛才出針
的位置入針，再從左側針目的中央出針。

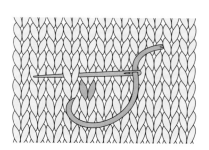

3 針穿過1段上面的逆八字針目的2條線，
再拉出縫線。重複2、3。

斜向刺繡

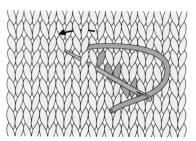

在剛才出針的位置入針後，從1段、1
針的斜上方針目出針。接下來，針要穿
過1段上面的針目。

了解會很
方便！

裝飾球的作法

此作法不須使用任何特殊工具，可作為圍巾和帽子的重點造型裝飾。

厚紙板

1 在比裝飾球直徑稍長（★）的厚紙
板上，纏繞指定圈數的線，接著綁緊中
間。

裁剪　　綁緊

2 從厚紙板上拿下線圈，再剪開兩側
的環狀部分。

修剪整齊

3 修剪成整齊的圓形。綑綁的線頭稍
微留長，再用該線頭把裝飾球縫在作品
上。

釦洞的織法

1 針的釦洞
（1 目鬆緊編）

從正面織的段

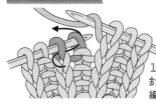

1 從上針的正面掛針，再用左上2併針編織接下來的2針。

2 掛針和左上2併針織完了。

從背面織的段

3 前一段的2併針用上針編織，掛針則用下針編織。

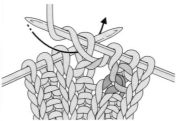

4 接下來的針目用和前一段相同的針法編織。

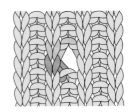

5 從正面觀看的成品模樣。

2 針的釦洞
（2 目鬆緊編）

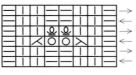

從正面織的段

1 2針的掛針如圖般在右針上掛線。

2 右上2併針、掛針2針、左上2併針都織完了。

從背面織的段

3 2針的掛針要依照箭頭指示穿入右針，再分別用鈕針編織。

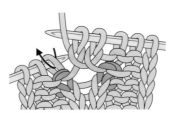

4 下一針用上針編織。

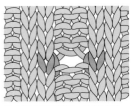

5 從正面觀看的成品模樣。

鈕扣的縫法

使用和織片相同的線。線太粗時，把線搓開（←P.139）後即可使用。

1 線穿成對半後將線頭打結，接著從鈕扣背面入針，再穿過線的圓圈中央。

2 縫在織片後，根據織片的厚度決定鈕扣的高度。

3 線在鈕扣下方繞數圈。

4 針從線柱的中央穿過去。

5 從織面的背面出針後打結，再剪掉線頭。

縱向的釦洞
（1目鬆緊編）

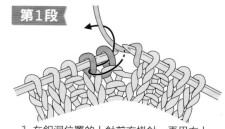

第1段

1 在釦洞位置的上針前方掛針，再用右上2併針編織接下來的2針。

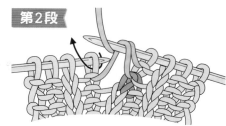

第2段

2 前一段的掛針編織滑針後，在針上掛線，接著用上針編織下一針。

第3段

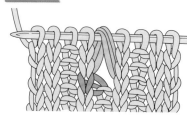

3 接下來的段也要掛針，並在針上掛線，接著從下一個針目開始都用鬆緊編織。

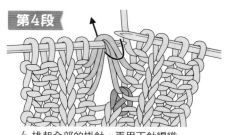

第4段

4 挑起全部的掛針，再用下針編織。

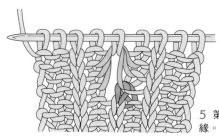

5 第4段編織到邊緣。

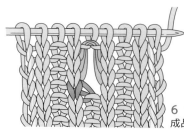

6 從正面觀看的成品模樣。

鏤空洞的釦洞

編織時不開洞，待成品完工後才製作固定的釦洞。

1 釦洞位置的針目往上、下方拉開，直到挖出能穿過紐釦的大小。

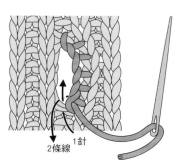

2 縫釦眼，以便固定擴張的針目。

釦眼的縫法

3 縫1圈。

4 線頭藏在背後，就完成了。

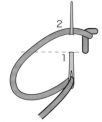

重複「穿針後掛線」。請注意，拉太緊會造成紐釦難以穿過釦洞。

口袋的織法

方法有2種，一是另外編織口袋後，縫在身片上的「貼式口袋」；另一是在編織身片途中織入別線，之後取下別線再織出口袋的「切開式口袋」。下面即將介紹切開式口袋的織法。

口袋口 ← 織入別線的位置

內口袋

口袋口的記號圖

捲加針 ────（11目）──── 捲加針

編織口袋

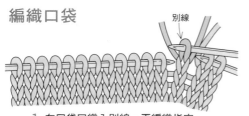

別線

1 在口袋口織入別線，再編織指定的針數（記號圖是織11針）。

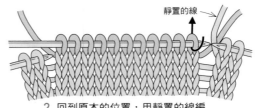

靜置的線

2 回到原本的位置，用靜置的線編織別線織出的針目。

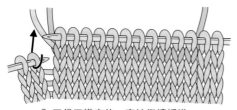

3 口袋口織完後，直接繼續編織。

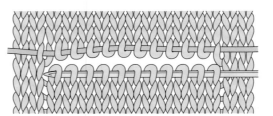

4 身片織完後，拉掉別線，接著挑針。下方針目穿到棒針上、上方針目穿到線上，並且拉掉別線。上方為沉環，故左右側的半針也要挑起，之後會比口袋口多1針。

[挑針的位置]

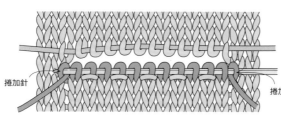

捲加針　　捲加針

5 從下側針目開始編織口袋口，上側針目編織內口袋。第1段的兩端要分別用捲加針編織1針，作為縫份。

在身片縫上內口袋

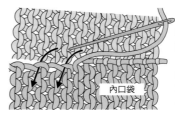

內口袋

縫製內口袋要把織片邊緣縫在身片的背面。為了避免內口袋露在外面，請把線穿入針目中縫合。

在身片縫上口袋口

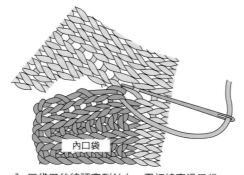

內口袋

1 口袋口的線頭穿到針上，再把線穿過口袋口第1段和同段身片的渡線。

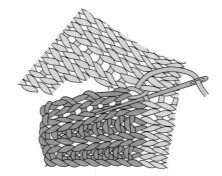

2 穿過口袋口第1段的渡線。

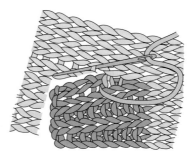

3 縫合到口袋口的邊緣。最後的邊角請確實固定。

繩索的織法

鉤針編織的繩索經常出現在棒針編織的作品中，因此熟習後很有幫助。鎖針編織請參考P.18別線的起針。

引拔針的繩索　2個鎖針並排。繩索先織長一點，之後再解開多餘的部分。

放掉1針

1 織出一條長鎖針後放掉1針鎖針，再將鉤針穿入裡山後掛線，接著引拔。

2 下一針也要將鉤針穿入裡山，接著掛線後引拔。

3 重複2。

螺紋的繩索　熟記後會很方便的簡單繩索。成品和引拔針的繩索類似。

線頭處

1 線頭保留必要長度的3倍，製作繩索線頭的針目。線頭依照箭頭指示掛在針上。

2 在針頭掛線後引拔。

3 重複「在針上掛線後，編織鎖針」的動作。

雙重鎖針　一邊讓2個鎖針並列一邊編織，成品為堅固的繩索。

放掉

1 編織1針鎖針，再把線穿入裡山。

2 掛線後，從裡山引出。

3 從針上放掉2織好的針目，並用手指壓住該針目，以免鬆開。

4 編織1針鎖針，從放開的針目後方穿入鉤針。

5 掛線後引出。

6 重複3～5。

蝦子繩索　此針目看起來像蝦子關節的繩索。

1 編織2針鎖針後，針穿入第1針的半針和裡山，接著掛線後引出。

2 再次掛線後，從2個線環引拔。

3 針穿入1的第2針鎖針，接著直接把織片往左側旋轉。

4 掛線後引出。

5 再次掛線後，從2個線環引拔。

6 針依照箭頭指示穿過2個線環。

7 織片往左側旋轉。

8 掛線後，從2個線環引出。

9 再次掛線，接著引拔所有的針目。

10 重複6～9。一邊持續往左側旋轉織片一邊編織。

Let's try! 嘗試編織作品吧！

請嘗試加入花樣來編織作品。
每完成一組花樣，樂趣就會更加倍。

※ **裙子**

這件短裙相當適合搭配牛仔褲或緊身褲。
雖然顏色較多，但花樣相對簡單，
因此編織起來更容易。

設計／岡本真希子
使用的毛線／Puppy British

【裙子的織法】

× 線…Puppy British　深藍色（102）210g、米色（182）、藍灰色（178）、玫瑰色（168）各20g
× 針…棒針9、7號　鉤針10／0號（起針用）
× 其他…寬1.5cm、長145cm 緞帶1條
× 密度…10cm²有編入花樣、平面編，皆是18針・24段
× 成品的尺寸…周長98cm、裙長40cm

編織的重點

用別線的起針製作176針，並用編入花樣編織成環狀。編織完44段後，接著編織22段平面編。改用7號針，用2目鬆緊編織出24段，並在第11段編織穿緞帶的洞（掛針）。編織終點的下針用下針編織、上針用上針編織，再套收針。用7號針從編織起點的別線起針處開始挑針（←P.140），再編織7段起伏編，接著一邊在編織終點編織上針一邊套收針。緞帶穿過緞帶洞。

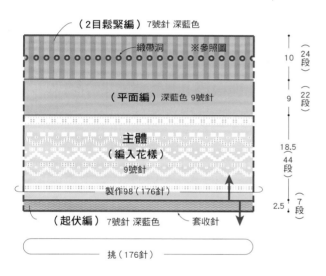

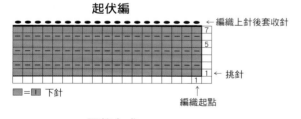

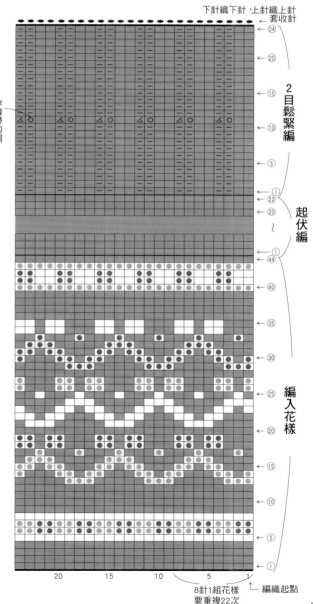

8針1組花樣要重複22次

配色
□=Ⅰ 下針
□= 米色
●= 玫瑰色
◐= 藍灰色
■= 深藍色

✳ 帽子

這頂北歐風的可愛帽子，搭配了雪花圖樣和紅×米色的配色。
由於要織成環狀，因此編織途中要十分專注，
以免把內側的渡線拉太緊。

設計／岡本真希子
製作／小澤智子
使用的毛線／Puppy Queen Anny

【 帽子的織法 】

× 線…Puppy Queen Anny　紅色（818）55g、米色（812）20g
× 針…棒針6、4號　鉤針8／0號（起針用）
× 密度…10cm²有編入花樣、平面編，而且皆是20針・26段
× 成品的尺寸…頭圍56cm、高21.5cm

編織的重點

用別線的起針法製作112針，並且用編入花樣織成環狀。編織完30段後，接著編織18段平面編，但在第5段要一邊分散減針一邊編織。編織終點的每一針都要穿線後束緊（←P.128）。從編織起點的別線起針處開始挑針（←P.140），接著編織8段1目鬆緊編，並在編織終點用1目鬆緊編收縫。

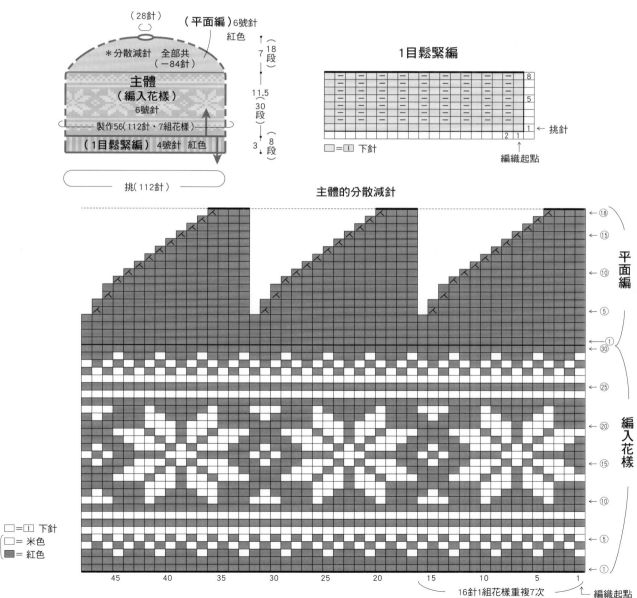

（28針）

（平面編）6號針
紅色

7 ┤（18段）

＊分散減針　全部共（－84針）

主體
（編入花樣）
6號針

11.5（30段）

製作56（112針・7組花樣）

（1目鬆緊編）4號針　紅色

3 ┤（8段）

挑（112針）

1目鬆緊編

8

5

1 ← 挑針

2 1 ← 編織起點

□=Ⅰ 下針

主體的分散減針

←⑱
←⑮
←⑩
←⑤　平面編

←①
←㉚
←㉕
←⑳
←⑮　編入花樣
←⑩
←⑤
←①

配色
□=Ⅰ 下針
□= 米色
■= 紅色

45　40　35　30　25　20　15　10　5　1

16針1組花樣重複7次

← 編織起點

83

✳ 手套

稍細的毛線最適合當作手部的時尚單品。
露出拇指的設計，不僅能讓雙手方便移動，
也能恰好覆蓋手指，相當溫暖。較適合稍微熟習的同好。

設計／岡本真希子　製作／小澤智子
使用的毛線／Rich More Percent

【 手套的織法 】

× 線…Rich More Percent　米色（98）20g、茶色（100）15g，粉紅色
（65）、綠色（104）、焦糖色（89）各5g

× 針…棒針5、3號　鉤針7／0號（起針用）

× 密度…10cm² 有編入花樣22.5針・30段

× 成品的尺寸…周長22cm、長21cm

編織的重點

用別線的起針法製作50針，並用編入花樣編之40段，但是第23段的拇指位置要織入別線
（←P.78）。改用3號針，接著編織8段1目鬆緊編，並用1目鬆緊編收縫（←P.124）。用3號
針從編織起點的別線起針處開始挑針（←P.140），再編織16段1目鬆緊編，接著用1目鬆緊
編收縫。拉掉拇指位置的別線，針目移到棒針上，接著套收針1圈。用熨斗從背面燙整織片
（←P.148），接著將兩端綴縫（←P.134）。

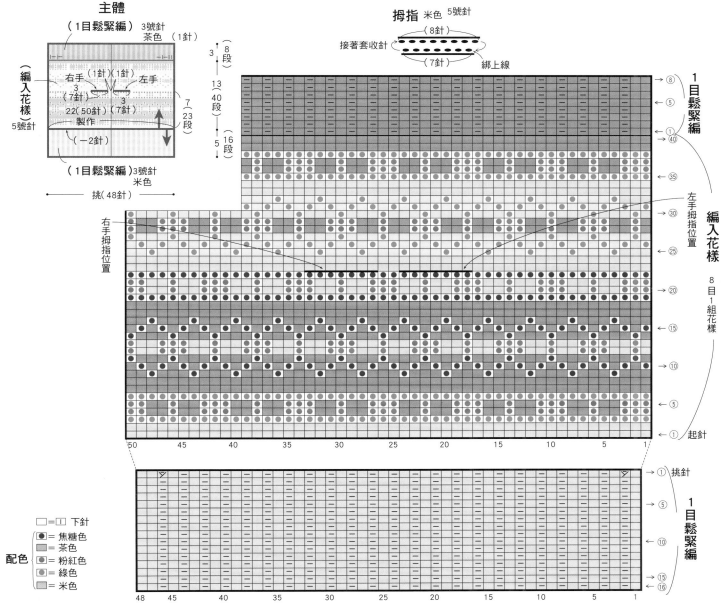

85

STEP 4

上衣的織法

使用截至目前所學習的技巧，嘗試挑戰編織上衣吧。

剛開始也許會對不熟悉的用語或是編織圖感到困惑，

但是只要循序漸進地慢慢操作，就沒問題了。

看一眼覺得困難的作品，實際上格外地簡單。

本階段刊載編織前需具備的豐富技巧，

若在編織作品途中遇到不懂的問題時，不妨善用本書。

編織上衣之前

各部位的名稱和編織順序

編織相關書籍一定會有織法的頁面，記載該如何編織
的說明步驟。本頁以基本的服裝為例，讓您在學習各
部位名稱的同時，了解編織的順序。

紅字是各部位的名稱；藍字是標示尺寸時使用的術
語。

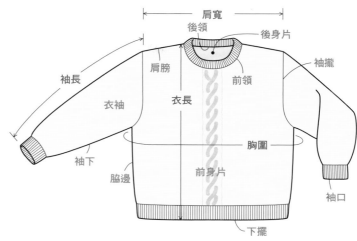

套頭毛衣

上衣最基本的款式就是套頭毛
衣。織法會因作品而異，但一般
都是分別從下襬開始織前後身
片、袖口開始織衣袖，之後再組
合各個部位。

※連肩袖長、衣長
從背部中心到袖口的長度稱
為連肩袖長；從背部中心到下
襬（不含衣領）的長度稱為衣
長。日本的插肩服飾通常會標
示為連肩袖長、衣長「丈」，
而非袖長、衣長「着丈」。

開襟外套

雖然和套頭毛衣編織手法相同，但卻要花多一點功夫，
像是編織門襟、開鈕洞等。前身片和後身片一般都是分
別編織，但碰到兒童服飾等小尺寸的織品時，也會有接
續編織的情況。

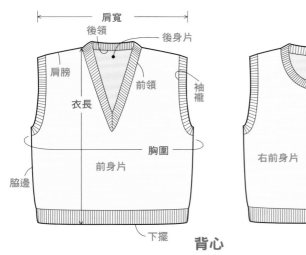

背心

有套頭式和開襟式，織法基本上和套頭毛衣、開襟外套相同，但是因為沒
有衣袖，所以作法比較簡單。

編織順序　（一般的範例）

1 測量密度
2 編織後身片
3 編織前身片
4 編織兩條衣袖
5 用熨斗燙整各個織好的部位
6 接合肩膀
7 編織衣領（開襟外套還要編織門襟）
　 ＊若是插肩袖，請在編織衣領前接上衣袖。
8 縫合脇邊和袖下
9 接上衣袖
10 用熨斗燙整成品

織法圖和記號圖的標示

織法圖就類似指示書，上面記載著編織作品時所需的各種情報。記號圖則是用針目記號
（方格）表示作法，以便能根據織法圖的情報實際編織。作品集等書籍常會省略記號
圖，因此了解織法圖的標示也很重要。

身片的織法圖

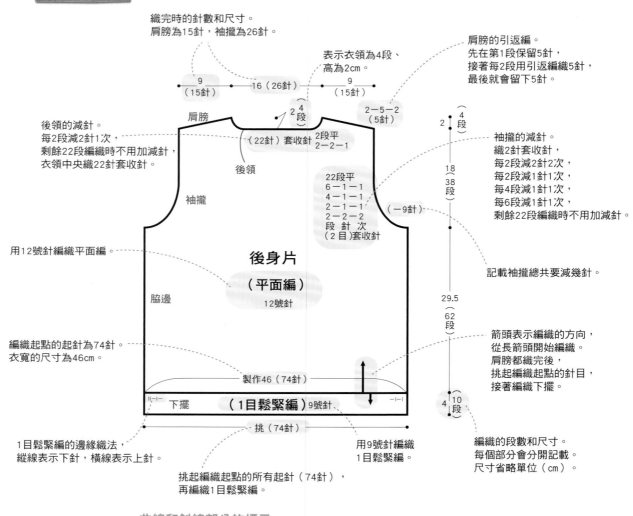

織完時的針數和尺寸。
肩膀為15針，袖攏為26針。

表示衣領為4段、
高為2cm。

肩膀的引返編。
先在第1段保留5針，
接著每2段用引返編織5針，
最後就會留下5針。

9
（15針）　16（26針）　9
（15針）

2（4段）

2－5－2
（5針）

後領的減針。
每2段減2針1次，
剩餘22段編織時不用加減針，
衣領中央織22針套收針。

肩膀

後領

（22針）套收針

2段平
2－2－1

2（4段）

18（38段）

袖攏的減針。
織2針套收針，
每2段減2針2次，
每2段減1針1次，
每4段減1針1次，
每6段減1針1次，
剩餘22段編織時不用加減針。

22段平
6－1－1
4－1－1
2－1－1
2－2－2
段　針　次
（2目）套收針

（－9針）

袖攏

用12號針編織平面編。

後身片

（平面編）

12號針

記載袖攏總共要減幾針。

脇邊

29.5（62段）

編織起點的起針為74針。
衣寬的尺寸為46cm。

製作46（74針）

箭頭表示編織的方向，
從長箭頭開始編織。
肩膀都織完後，
挑起編織起點的針目，
接著編織下擺。

下擺　（1目鬆緊編）9號針

4（10段）

挑（74針）

1目鬆緊編的邊緣織法，
縱線表示下針，橫線表示上針。

挑起編織起點的所有起針（74針），
再編織1目鬆緊編。

用9號針編織
1目鬆緊編。

編織的段數和尺寸。
每個部分會分開記載。
尺寸省略單位（cm）。

曲線和斜線部分的標示

衣領、袖攏、袖山和袖下等部位，都記載著類似算式的標示。此
為加減針的推算數值，表示哪一段應該增減幾針，才能製作出自
然漂亮的曲線和斜線。每一行的左側為編織的「段」數，中央為
增減的「針」數，右側為相同作法重複的「次」數。由於是由下
往上編織，因此這些數字也是由下開始操作。91頁記載著織法的
說明，請搭配確認。

22段平
6－1－1
4－1－1
2－1－1
2－2－2
段　針　次
（2針）套收針

後身片的記號圖 （肩斜度和後領。未記載部分與前身片共通。）

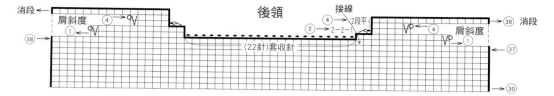

消段　肩斜度　④　Ｖ　後領　接線
①　Ｖ　②　④　2段平
38　38　2-2-1　消段
（22針）套收針　37
30

前身片的記號圖

消段　肩斜度　④　Ｖ　前領　⑱　15　6段平
①　Ｖ　38　2-1-4　④　Ｖ　肩斜度　38　消段
30　⑩　①　37
2-2-1　30　22段平
接線　⑤
袖攏　17　2-4-1　2-2-1　⑰　6-1-1　袖攏
（6針）套收針

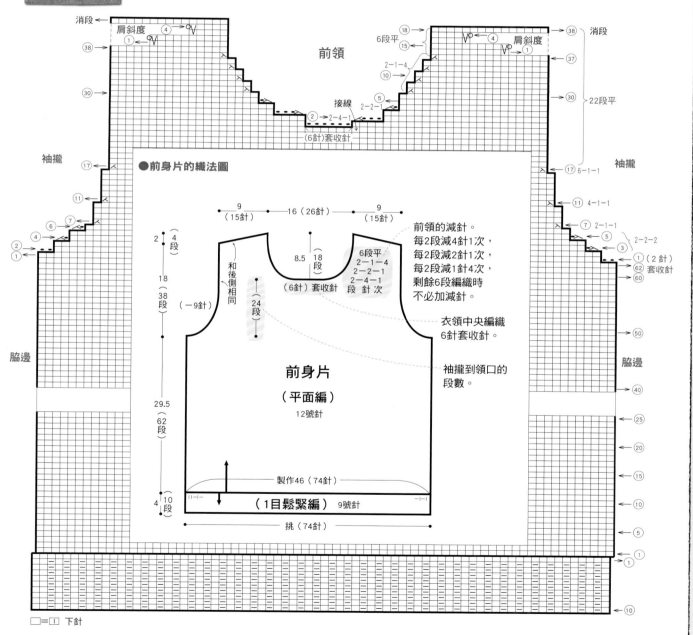

●前身片的織法圖

袖攏
11
4-1-1
⑥　⑦　2-1-1
④　⑤　2-2-2
②　2-1-1
①　③　（2針）
62　套收針
60

9（15針）　16（26針）　9（15針）

2（4段）
和後側相同
18（38段）（－9針）
8.5（18段）
6段平
2-1-4
2-2-1
2-4-1
段 針次
（6針）套收針

前領的減針。
每2段減4針1次，
每2段減2針1次，
每2段減1針4次，
剩餘6段編織時
不必加減針。

衣領中央編織
6針套收針。

袖攏到領口的
段數。

（24段）

前身片
（平面編）
12號針

29.5（62段）

脇邊

製作46（74針）

（1目鬆緊編）9號針

4（10段）

挑（74針）

50
40
25
20
15
10
5
1
①
10

□=Ｉ　下針

衣袖的織法圖

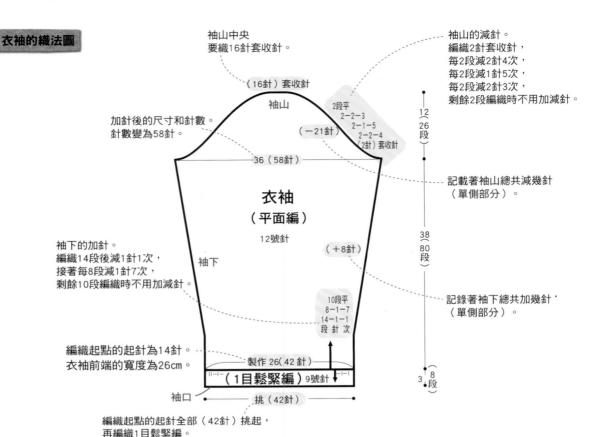

袖山中央
要織16針套收針。

袖山的減針。
編織2針套收針，
每2段減2針4次，
每2段減1針5次，
每2段減2針3次，
剩餘2段編織時不用加減針。

（16針）套收針

袖山

2段平
2-2-3
2-1-5
2-2-4
（2針）套收針

（－21針）

加針後的尺寸和針數。
針數變為58針。

記載著袖山總共減幾針
（單側部分）。

12
26
段

36（58針）

衣袖
（平面編）

12號針

袖下的加針。
編織14段後減1針1次，
接著每8段減1針7次，
剩餘10段編織時不用加減針。

袖下

（＋8針）

38
（80
段）

記錄著袖下總共加幾針
（單側部分）。

10段平
8-1-7
14-1-1
段 針 次

編織起點的起針為14針。
衣袖前端的寬度為26cm。

製作 26（42針）

（1目鬆緊編）9號針

3（8
段）

袖口

挑（42針）

編織起點的起針全部（42針）挑起，
再編織1目鬆緊編。

衣領的織法圖

衣領（1目鬆緊編）9號針

於後領挑起32針。

接著後領和前領
要織成環狀。

挑（32針）

4 10
段

後領

衣領的尺寸和
段數。

前領

挑（42針）

於前領挑起42針。

套頭毛衣以衣領為例；開襟外套以門襟和衣領為例；
背心以袖攏為例，編織該作品所需的情報皆分別記載
在織法圖上。

門襟和衣領、袖攏的織法圖

門襟和衣領、袖攏（2目鬆緊編）4號針

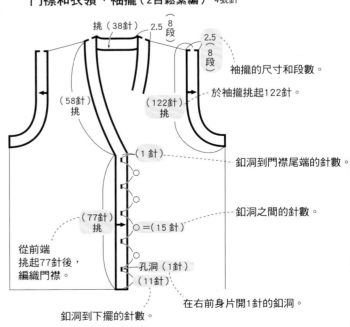

挑（38針）

2.5 8
段

2.5
8
段

袖攏的尺寸和段數。

（58針）
挑

（122針）
挑

於袖攏挑起122針。

（1針）

釦洞到門襟尾端的針數。

釦洞之間的針數。

（77針）
挑

○＝（15針）

從前端
挑起77針後，
編織門襟。

孔洞（1針）

（11針）

在右前身片開1針的釦洞。

釦洞到下擺的針數。

衣袖的記號圖（全圖解）

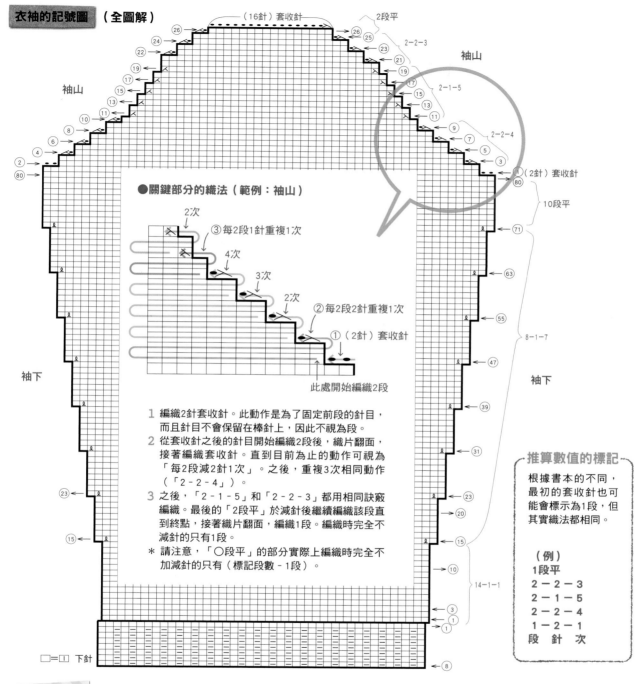

（16針）套收針　2段平

袖山

2-2-3

2-1-5

2-2-4

袖山

（2針）套收針

10段平

●關鍵部分的織法（範例：袖山）

2次

③每2段1針重複1次

4次

3次

2次

②每2段2針重複1次

①（2針）套收針

此處開始編織2段

1　編織2針套收針。此動作是為了固定前段的針目，
而且針目不會保留在棒針上，因此不視為段。

2　從套收針之後的針目開始編織2段後，織片翻面，
接著編織套收針。直到目前為止的動作可視為
「每2段減2針1次」。之後，重複3次相同動作
（「2-2-4」）。

3　之後，「2-1-5」和「2-2-3」都用相同訣竅
編織。最後的「2段平」於減針後繼續編織該段直
到終點，接著織片翻面，編織1段。編織時完全不
減針的只有1段。

＊　請注意，「○段平」的部分實際上編織時完全不
加減針的只有（標記段數－1段）。

8-1-7

袖下

14-1-1

推算數值的標記

根據書本的不同，
最初的套收針也可
能會標記為1段，但
其實織法都相同。

（例）
1段平
2-2-3
2-1-5
2-2-4
1-2-1
段　針　次

□=□ 下針

caution!

2針以上的減針無法在同一段操作
1針的減針會在同段（正面的段）的左右側操作，但2針以
上的減針只能在織片的右側（該段的編織起點）操作，因此
在左右側減針時要相隔1段。記號圖上要減針的段會有左右
不同的情況，也是這個原因。

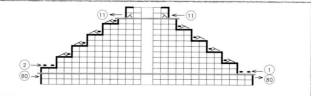

鬆緊編的起針法

此為具備伸縮性的起針，鬆緊編的邊緣能夠呈現漂亮的自然線條。
雖然看起來比基本的起針（←P.16～）稍微複雜，但了解訣竅後，其實很簡單。

別線的1目鬆緊編起針法

編織3段平面編，一邊用引上針編織第1段的沉環一邊起針。

右端為下針2針・左端為下針1針

● 第1段起針的針數（別線）＝必要針數（偶數）÷2＋1針

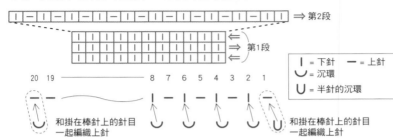

I = 下針	— = 上針
∪ = 沉環	
U = 半針的沉環	

和掛在棒針上的針目一起編織上針

和掛在棒針上的針目一起編織上針

第1段

起針的針數為必要針數÷2＋1針。

← 段數別針

1　使用和18頁相同的訣竅起針，於最後別上段數別針。

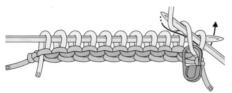

2　織片翻面，再編織1段上針。

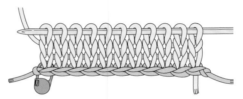

3　織片翻面，再編織1段下針。3段平面編完成了。

♥caution!

第1段請使用粗的棒針

第2段的針數會加倍，因此為了避免織片向上吊，第1段（3段平面織）要使用比編織鬆緊編時大2號的針。別線也請搭配棒針，選用粗的鉤針。

第2段

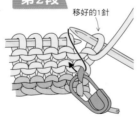
移好的1針

4　棒針換成編織鬆緊編的號數，接著從第1針的後方穿入後勾起針目。接著，別上段數別針的針目穿針。

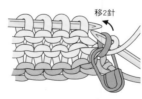
移2針

5　直接引上針，把2針移到左針上。

6　針目移好的模樣。

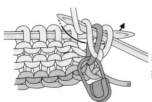

7　在右針上掛線後，2針一起用上針編織。

移2針

8　右針依照箭頭指示穿入第1段的沉環。

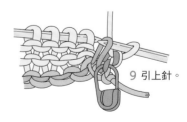

9　引上針。

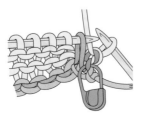

10　做好引上針的沉環移到左針上。

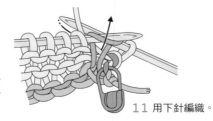

11　用下針編織。

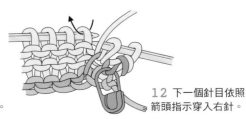

12　下一個針目依照箭頭指示穿入右針。

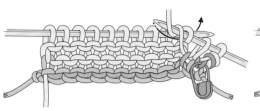

13 掛線後引出，接著編織上針。

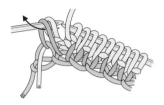

14 織完3針的模樣。接下來重複編織8～13。

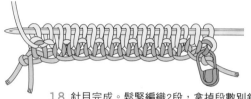

移到右針上

15 最後一針移到右針上，並用左針在最後的沉環織引上針。

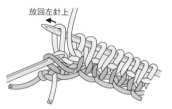

放回左針上

16 右針的針目放回左針上。

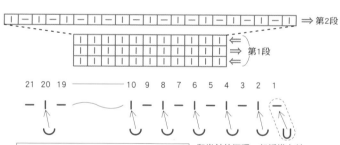

17 用上針編織2併針。

18 針目完成。鬆緊編織2段，拿掉段數別針。別線在織完5～6段後拿掉。（←P.95）

兩端皆是1針下針　●第1段起針的針數（別線）＝[必要針數（奇數）＋1針]÷2

⇒第2段

⇒第1段

21 20 19 ———— 10 9 8 7 6 5 4 3 2 1

I = 下針　∪ = 沉環
— = 上針　U = 半針的沉環

和半針的沉環一起編織上針

※左端的織法請參照P.92的1～12、P.93的13和14。

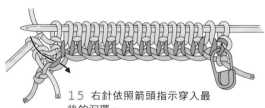

15 右針依照箭頭指示穿入最後的沉環。

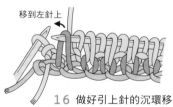

移到左針上

16 做好引上針的沉環移到左針上。

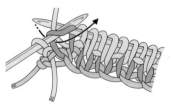

17 針重新穿入移好的沉環中，再用下針編織。

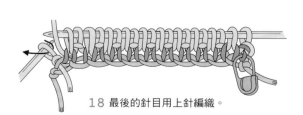

18 最後的針目用上針編織。

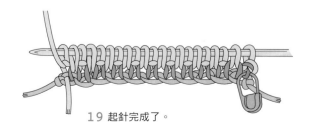

19 起針完成了。

右端為1針下針・左端為2針下針

● 第1段起針的針數（別線）＝必要針數（偶數）÷2

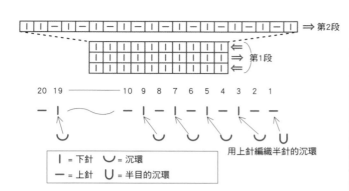

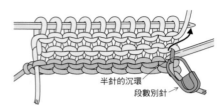

※第1段的織法請參照P.92的1～3。

用上針編織半針的沉環

| = 下針　　⌣ = 沉環
― = 上針　　∪ = 半目的沉環

4 織片翻面後，改用編織鬆緊編的棒針，接著把針穿入別上段數別針的針目後做引上針。

半針的沉環
段數別針

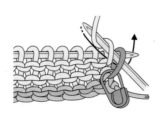

5 4做完引上針的針目移到左針上，再用上針編織。

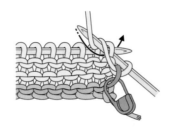

6 用上針編織下一針（最初掛在棒針上的針目）。

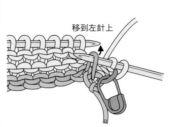

移到左針上

7 第1段的沉環用右針做引上針後，移到左針上。

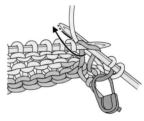

8 棒針重新穿入移到左針的針目，再用下針編織。

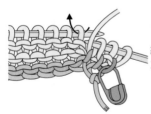

9 下一個針目編織上針。之後，重複編織7～9。

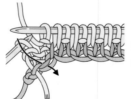

10 右針依照箭頭指示穿入最後的沉環。

移到左針上

11 做好引上針的沉環移到左針上。

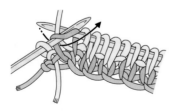

12 棒針重新穿入移好的沉環中，在用下針編織。

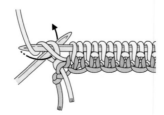

13 最後1針用上針編織。

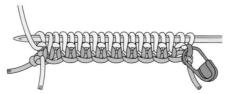

14 起針完成。鬆緊編編織2段了。

沉環做引上針的方法

根據10～12編織時，也能由下往上穿入右針後做引上針，接著針目不須移到左針，即可直接編織下針。雖然少一道步驟更方便，但卻需要技巧，因此適合稍微熟練的同好使用。

編織下針

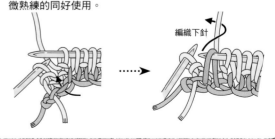

當兩端皆為2針下針時

● 第1端起針的針數（別線）＝ [必要針數（奇數）＋1針] ÷2

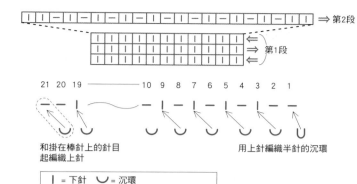

I = 下針　**∪** = 沉環
— = 上針　**U** = 半目的沉環

和掛在棒針上的針目
起編織上針

用上針編織半針的沉環

※左端的織法請參照P.94至9。

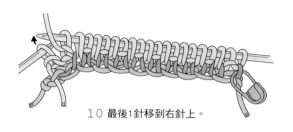

10 最後1針移到右針上。

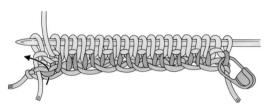

11 左針依照箭頭指示穿入最後的沉環，再做引上針。

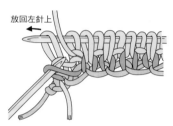

放回左針上

12 右針的針目放回左針上。

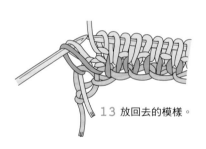

13 放回去的模樣。

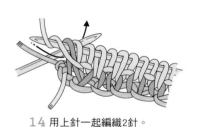

14 用上針一起編織2針。

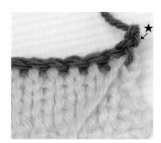

15 起針完成。鬆緊編已經編織2段了。

別線的拆除法

目鬆緊編的起針完成後，編織數段使織片穩固，即可拆除起針的別線。
別線儘早拆除就不會殘留纖維，織片也會更乾淨。

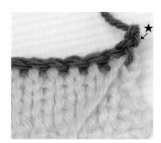

1 別線的編織終點一側。★為邊緣的裡山。

2 棒針穿入邊緣的裡山。

3 拉開針，抽出線頭。

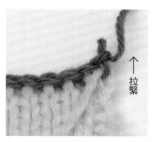

拉緊

4 拉開已拉出的線頭後，就能順利鬆開。

別線的2目鬆緊編起針法

使用和1目鬆緊編相同的訣竅起針。第2段交替編織上針和下針，每2針換一次。

兩端皆是2針下針

● 第1段起針的針數（別線）＝ [必要針數（4的倍數＋2針）+2針] ÷2

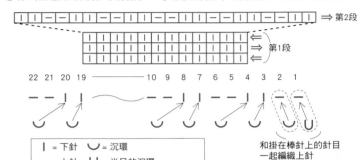

22 21 20 19 ———— 10 9 8 7 6 5 4 3 2 1

I ＝下針　⌣＝沉環
— ＝上針　U＝半目的沉環

和掛在棒針上的針目
一起編織上針

第1段

起針的針數為
（必要針數＋2）÷2

←段數別針

1 用織片所用的線從別線的裡山挑取起針的
針數（使用比編織鬆緊編大2號的棒針）。
最後別上段數別針。

第2段

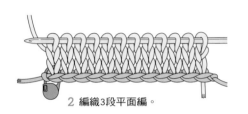

2 編織3段平面編。

移到右針上

3 織片翻面，棒針
改用編織鬆緊編的號
數，接著最初的1針
移到右針上。

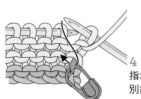

4 右針依照箭頭
指示穿入著段數
別針的針目。

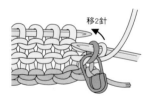

移2針

5 直接做引上針，再把2針移到左針上。

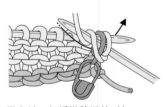

6 用上針一起編織移好的2針。

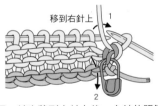

移到右針上

7 下一針也移到右針上後，右針依照箭頭
指示穿入沉環。

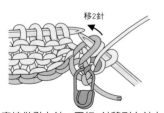

移2針

8 直接做引上針，再把2針移到左針上。

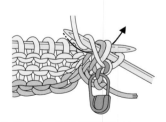

9 用上針一起編織移好的2針。

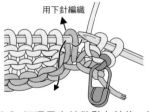

用下針編織

10 沉環用右針做引上針後，移到左針
上，接著用下針編織。

11 下一個沉環也做引上針，再
用下針編織。

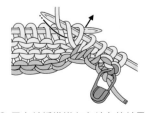

12 用上針編織掛在左針上的針目。

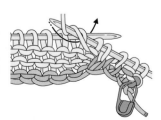

13 下一針也用上針編織。

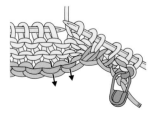

14 之後重複10～13。

15 最後的沉環2針也做引上針，再用下針編織。

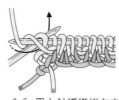

16 用上針編織掛在左針上的2針。

17 起針完成。鬆緊編已經編織2段了。

右端為2針下針・左端為3針下針

● 第1段起針的針數（別線）＝[必要針數（4的倍數＋3針）＋1針]÷2

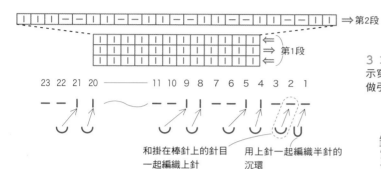

3 1、2同P.96。右針依照箭頭指示穿入別著段數別的針目，再做引上針。

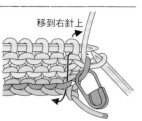

移到右針上

4 用上針編織做好引上針的針目後，下一針移到右針上，接著沉環做引上針。

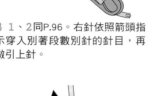

5 用上針一起編織移到右針上的針目、做好引上針的沉環，再用上針編織掛在左針上的針目（左端3針上針完成）。

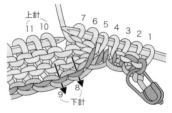

6 重複「沉環織2針下針，掛在棒針上的針目織2針上針」。

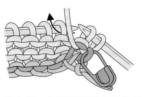

7 起針完成了。

和掛在棒針上的針目一起編織上針　　用上針一起編織半針的沉環

※第2段編織終點的織法請參照上方的15～17。

當右端為3針下針・左端為2針下針時

● 第1段起針的針數＝[必要針數（4的倍數＋3針）＋3針]÷2

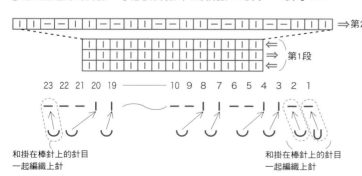

和掛在棒針上的針目一起編織上針　　和掛在棒針上的針目一起編織上針

※第2段編織終抵的織法請參照P.96的1～14。

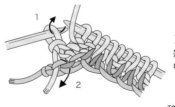

15 最後的針目移到右針上，右針穿入沉環中。

16 2針移到左針上，再用上針一起編織。

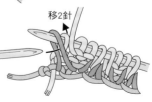

移2針

17 起針完成了。

手指掛線的1目鬆緊編起針法

不用別線，即能用主色線起針的方法。第2段要做袋編，因此雖然是織4段，但只算成3段。

右端為2針下針・左端為1針下針

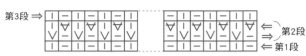

第3段 ⇒

⇐ 第2段
⇒
⇐ 第1段

※短線頭約取編織寬度的3倍長，短線掛在拇指上，長線掛在食指上。使用1根編織鬆緊編的針。

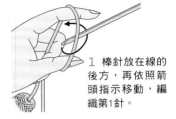

第1段

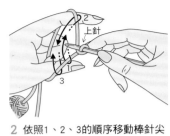

1 棒針放在線的後方，再依照箭頭指示移動，編織第1針。

2 依照1、2、3的順序移動棒針尖端，製作下一個針目。

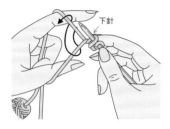

3 第3針要依照箭頭指示移動棒針。重複2、3，最後用2的操作收尾。

4 第1段左端的狀態。

第2段

5 織片翻面。本段要輪流編織1針上針的伏針和1針下針。

6 編織到第2段的終點了。

7 織片翻面。本段也要輪流編織1針上針的浮針和1針下針（5～7稱為袋編）。

第3段

8 從邊緣開始輪流編織1針上針和1針下針。

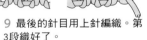

9 最後的針目用上針編織。第3段織好了。

兩端皆為2針下針

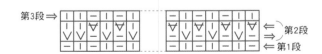

第3段 ⇒

⇐ 第2段
⇒
⇐ 第1段

第1段

1 和「右端為2針下針・左端為1針下針」一樣開始起針，最後用3收尾。

第2段

2 織片翻面。線放在前方，邊緣的2針編織上針的浮針。

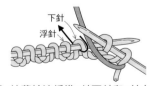

3 接著輪流編織1針下針和1針上針的浮針。

4 最後1針用下針編織。

5 織片翻面。輪流編織1針上針的浮針和1針下針，最後1針則用下針編織。

第3段

6 用上針編織邊緣的2針，再輪流編織1針下針和1針上針，接著用上針織最後1針。

兩端皆為1針下針

第3段 ⇒

第1段

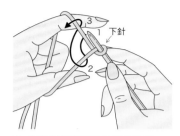
下針

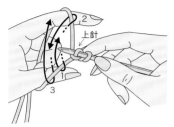
上針

1 棒針放在線的前方，再依照箭頭指示旋轉一圈，製作第1針。

2 依照箭頭指示移動棒針前端，製作下一針。

3 依照1、2、3的順序移動棒針前端，製作第3針。重複2、3。

第2段
下針　浮針

浮針

4 第1段的最後用3收尾。全部的針目為奇數。

5 織片翻面。本段要輪流編織1針上針的浮針和1針下針。

6 最後一針為上針的浮針。

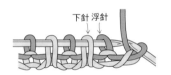

下針 浮針

第3段
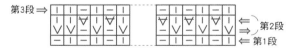

7 織片翻面。用下針編織邊緣的針目。

8 第2針編織上針的浮針。接著，輪流編織下針和上針。

9 從邊緣開始輪流編織上針和下針。

右端為1針下針・左端為2針下針

第3段 ⇒

第1段

第2段
浮針
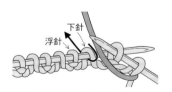

下針
浮針

1 和「兩端皆為1針下針」一樣開始起針，最後用2收尾。

2 織片翻面。線放在前方，再用上針的浮針編織邊緣的2針。

3 接著輪流編織1針下針和1針上針的浮針。

浮針

下針 浮針

第3段

4 最後一針為上針的浮針。

5 織片翻面。邊緣的針目用下針編織，接著輪流編織1針上針的浮針和1針下針。最後一針用下針編織。

6 用上針編織邊緣的2針，接著輪流編織1針下針和1針上針。

減針

減少掛在棒針上的針數，稱為「減針」。
一邊在織片邊緣或途中編織左右側的2併針，一邊減針。

邊緣1針立針減針

編織袖攏或領口等曲線或斜線時，要在織片的邊緣減針。
左右側要在同一段操作。

〈 下針的情況 〉

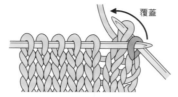

1 右端編織右上2併針。第1針不編織直接移到右針上，再用下針編織下一針。

2 不用編織，直接移動的針目覆蓋下針。

3 右側邊緣1針的立針減針完成了。

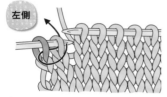

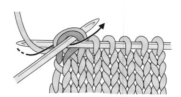

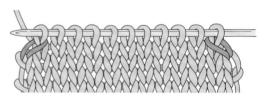

4 左側編織左上2併針。右針依照箭頭指示穿入最後的2針。

5 用下針一起編織2針。

6 右側和左側邊緣1針的立針減針完成了。

〈 上針的情況 〉

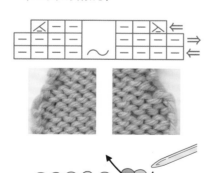

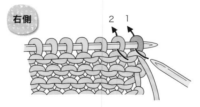

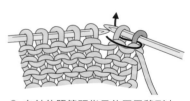

1 右端編織上針的右上2併針。右側2針依照1、2的順序移到右針上。

2 左針依照箭頭指示鉤回已移到上右針的2針。

3 依照箭頭指示穿入右針。

4 用上針一起編織2針。

5 繼續編織到左針上只剩邊緣的2針。

6 編織上針的左上2併針。右針依照箭頭指示穿入左針的2針中，再用上針一起編織2針。

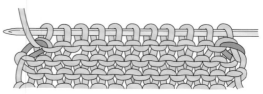

7 右側和左側邊緣1針的立針減針完成了。

邊緣2針立針減針

製作插肩線或V領、Y領的前領斜度時，得以襯出設計線。
此為方便綴縫或挑針的方法。

〈 下針的情況 〉

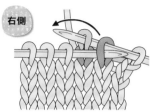

右側

1 用下針編織邊緣1針，再用右上2併針一起編織第2針、第3針。

2 右側的減針完成了。

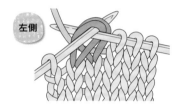

左側

1 用左上2併針編織左側邊緣的第2針和第3針。

2 用下針編織邊緣的針目。左側的減針完成了。

〈 上針的情況 〉

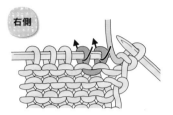

右側

1 用上針編織邊緣的1針，再用上針的右上2併針一起編織第2針和第3針。

2 右側的減針完成了。

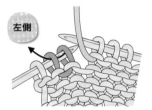

左側

1 用左上2併針一起編織左側邊緣的第2針和第3針。

2 用上針編織邊緣的針目後，即完成。

分散減針　此為在織片途中平均分配幾處做減針，可用於調換鬆緊編的針目位置。

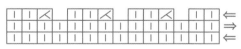

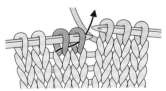

1 編織到減針位置的前方。右針從2針的左側穿入。

2 在右針上掛線後，用下針一起編織2針。

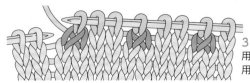

3 依照計算間隔（←P.112）用2併針的方式做減針。另有用3併針做減針的情況。

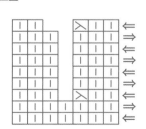

想要向上逐漸縮減織片的寬度時，請隔著複數段操作。

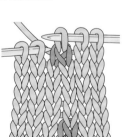

基本上減針的間隔會相等，但在編織花樣時，也會在適當的段做減針。

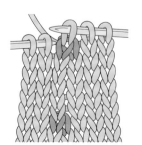

若是左右對稱的情況，則要用左上2併針編織，以搭配右上2併針。

101

套收針

2針以上的減針稱為套收針。有線頭的部分才能操作，因此織片的左右側要隔1段編織。

袖襱的織法　使用套收針和邊緣1針的立針減針，實際學習袖襱的織法。
袖山也用相同訣竅編織。

〈左側的套收針和減針〉　〈右側的套收針和減針〉

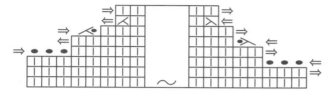

套收針 ●●● ⇐（一邊看正面一邊編織）

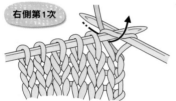

1　用下針編織第1針。

2　第2針也用下針編織。

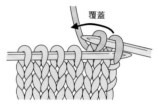

3　用右側針目覆蓋左側針目（第1針套收針）。

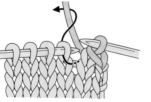

4　下一針也在編織下針後覆蓋（第2針套收針）。

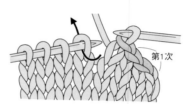

5　下一針也是編織後覆蓋，第3針套收針完成了。從下一針開始編織下針。

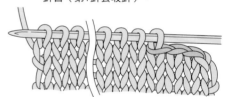

6　用下針編織到左端。

套收針 ⇒●●●（一邊看背面一邊編織）

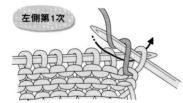

7　織片翻面，再用上針編織第1針。

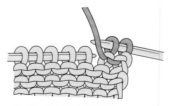

8　第2針也用上針編織。

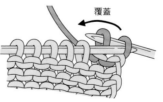

9　用右側針目覆蓋左側針目（第1針套收針）。

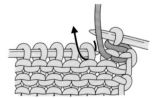

10　下一針也用上針編織。

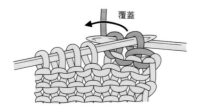

11　覆蓋（第2針套收針）。

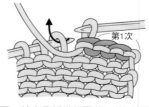

12　下一針也是編織後覆蓋，第3針套收針完成了。從下一針開始用上針編織。

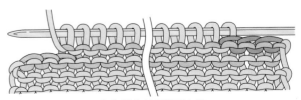

13　用上針編織到左端。

套收針 ✂ ＼ ←（一邊看正面一邊編織）

右側第2次之後

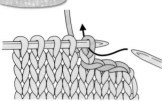

1 不編織第1針，直接移到右針上。

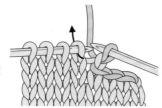

2 右針穿入第2針。

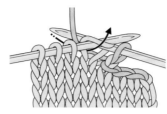

3 用下針編織。

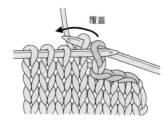

4 不編織直接移到右針的針目，覆蓋織好的針目（第1針套收針）。

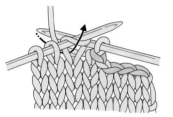

5 下一針也編織下針。

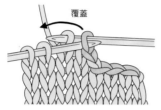

6 用右側針目覆蓋織好的針目（第2針套收針）。

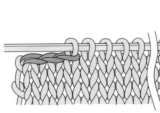

7 右側第2次的套收針（2針）完成了。

套收針 ⇒ ╱◀（一邊看背面一邊編織）

左側第2次之後

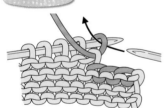

8 不編織第1針，直接移到右針上。

9 右針從第2針的後方穿入。

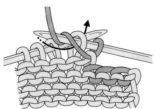

10 用上針編織。

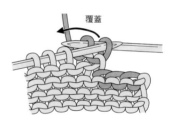

11 不編織直接移到右針上的針目，覆蓋織好的針目。

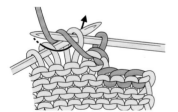

12 下一針也用上針編織。

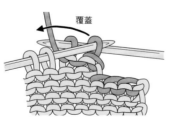

13 用右側針目覆蓋織好的針目（第2針套收針）。

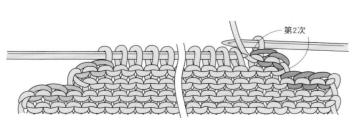

14 左側第2次的套收針（2針）完成了。

袖攏的編織起點要製作「角」

左右側都只有第1次的套收針要編織邊緣的針目，是為了明確織出脇邊和袖攏分界處的邊角。第2次之後，為了織出流暢的曲線，不編織第1針直接移到右針上。針目記號也做區分。

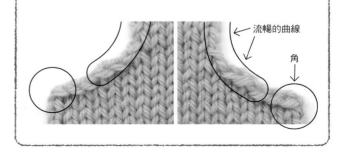

流暢的曲線

角

套收針後繼續減1針 ← ⊠ ～ ⊠ ← (一邊看正面一邊編織)

右側

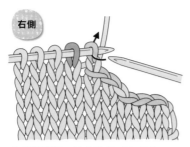

1 不編織第1針直接移到右針上。

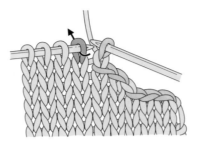

2 右針穿入下一針。

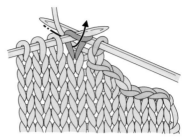

3 用下針編織。

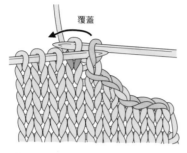

覆蓋

4 不編織直接移到右針的針目,覆蓋織好的針目(右針2併針)。

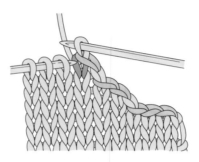

5 右側1針的減針完成。繼續織到左端2針之前。

左側

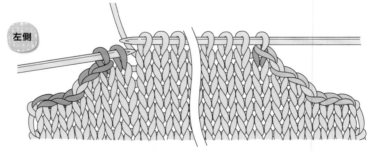

6 織到左端2針之前的模樣。

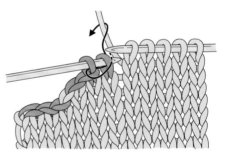

7 依照箭頭指示穿入右針,再用下針一起編織2針(左上2併針)。

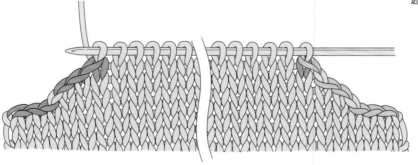

8 右側和左側的1針減針完成了。

♥caution!

袖襱的減針完成後,請用織法圖確認掛在棒針上的針目是否正確。

圓領的織法

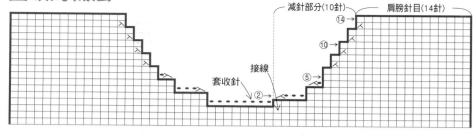

減針部分(10針)　　肩膀針目(14針)
⑭　　⑩　　⑤　　②
套收針　接線

在毛衣的衣領形狀中，最常見的即是圓領。用原本的毛線繼續編織織片的右半部，再接上新線、編織左半部。此處選擇中央針目作套收針的範例，加以說明，但也有暫時不織中央針目的情況。在中央針目暫時不編織的情況下，中央針目和左側的針目只要暫時分開後放著，後續的作業就會很簡單。

編織順序

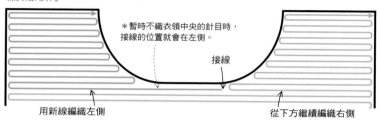

＊暫時不織衣領中央的針目時，接線的位置就會在左側。

接線

用新線編織左側　　從下方繼續編織右側

右側　　下針

靜置

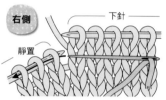

1 右側第1段要用下針編織肩膀針目＋減針部分的針目，剩餘的針目用別線串起後靜置。

織1針　　移好的針目

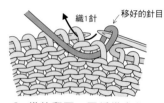

2 織片翻面，再編織套收針。第1針從後方穿入右針後，不編織直接移到右針上，接著用上針織第2針。

覆蓋

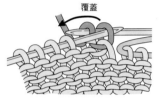

3 不編織直接移動的針目從上方，覆蓋織好的針目。

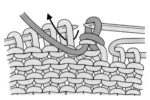

4 1針套收針完成。繼續重複3次「織上針後覆蓋」。

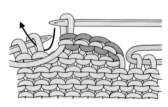

5 全部共織了4針套收針。從下一針開始用上針織到邊緣。第3段不減針即編織下針。

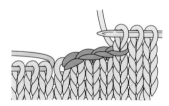

6 編織到第3段的模樣。織片翻面後，第4段參考P.103的8～13織2針套收針。

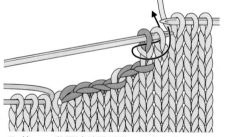

7 第5、6段不減針即編織，接著在第7段的邊緣做1針減針。右針穿入第2針。

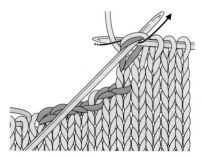

8 2針一起編織下針。

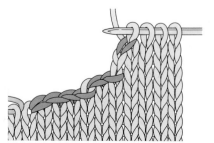

9 1針減針（左上2併針）完成了。繼續每2段減1針，重複3次。一織到最終段，掛在棒針上的所有針目直接移到別針上靜置。

關於靜置的針目

暫時不編織的針目移到別線或別針上，就稱為「休針」。靜置的針目（＝休針）移回棒針上時，請避免針目扭轉。

左側

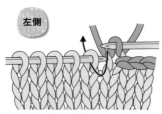

1 靜置的針目移回棒針上，在右側針目接線後引出。下一針用下針編織。

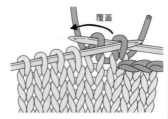

覆蓋

2 覆蓋第1針。重複「織1針後覆蓋」，中央的8針作套收針。繼續織第1、2段不減針。

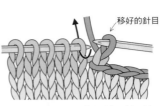

移好的針目

3 從第3段作套收針。第1針如編織下針入針後，不編織直接移到右針上，接著用上針織第2針。

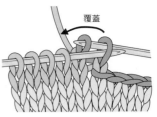

覆蓋

4 第1針覆蓋在第2針上方。

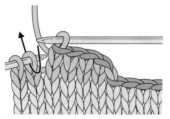

5 繼續重複3次「織下針後覆蓋」，做4針套收針。從下一針開始到最後都編織下針。

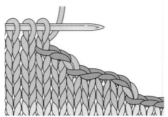

6 第4段不減針即編織上針。第5段參照P.103右側的1～6做2針套收針，其餘則編織下針；第6段不減針即編織上針。

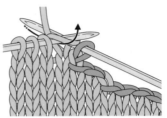

7 第7段邊緣的1針如織下針般入針後，不編織直接移到右針上，接著用下針織下一針。

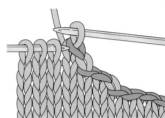

8 第1針覆蓋在第2針上方。1針減針（右上2併針）完成了。用相同方法重複3次每2段即減針。

花樣會呈現在1段下方嗎？
— 針目的構造 —

試著仔細觀看依照記號圖所織出的針目，就能發現目前織好的針目下方已呈現出記號圖的花樣。編織時會經常移到1段下方的針目，因此實際編織的段和呈現出模樣的段會相隔1段。不曉得正在編織哪一段時，請想起「花樣會呈現在1段下方」。

其他針目的範例

右上2針交叉

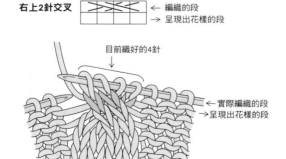

← 編織的段
→ 呈現出花樣的段

目前織好的4針

← 實際編織的段
→ 呈現出花樣的段

其他針目也一樣。舉例來說，右上2針交叉實際編織的是4針下針，但下方的段會呈現出交叉花樣。

圓領織法的範例（上述8）

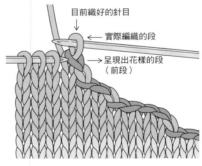

目前織好的針目

← 實際編織的段

→ 呈現出花樣的段（前段）

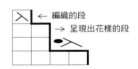

← 編織的段
→ 呈現出花樣的段

掛在右針上的針目就是目前織好的針目。下方呈現出右上2併針的花樣。2段下方的套收針也呈現在編織段的下方。

例外 掛針和編出加針是在編織的段加針。

掛針

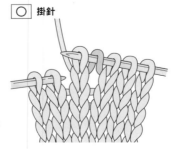

3針的編出加針

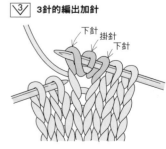

下針
掛針
下針

V領的織法

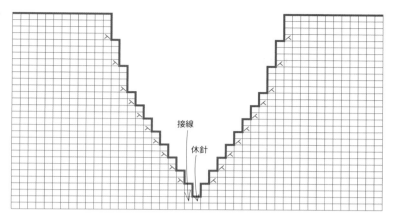

V領也是常用的衣領形狀和圓領一樣都是先織右半部、再織左半部。下面的解說範例是奇數針目的身片,但是當身片的針目為偶數時,中央就不做休針,直接在正中央折返繼續編織。當衣領為2目鬆緊編時,有時也會做2針休針。

接線
休針

編織順序

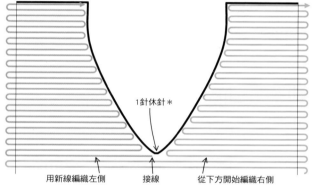

1針休針 *

用新線編織左側　　接線　　從下方開始編織右側

＊中央的休針碰到身片的針目為偶數時,不須休針即編織。

右側

1 第1段織到中央1針的前面,接著別上段數別針後靜置。

2 左側針目靜置在別線上。

左側

1 從中央針目的下一針開始改用新線編織。

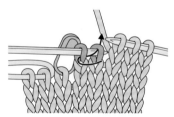

3 第2段要觀看背面,不減針即編織;第3段織到邊緣2針的前面。

4 右針穿入邊緣2針中,再織左上2併針。

5 第1針減針完成了。右側依照此訣竅在編織終點織左上2併針。

2 第1、2段不減針,直接編織。

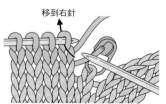

移到右針

3 從第3段開始減針。邊緣針目不織即移到右針上。

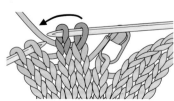

4 編織下一針後覆蓋。

5 1針減針(右上2併針)完成了。左側依照此訣竅在編織起點織右上2併針。

加針

增加掛在棒針上的針目就稱為「加針」，而且是在織片的邊緣或途中操作。
加針有數種方法，依照線的粗細等條件而分開使用。

扭加針

這是把針目和針目之間的渡線（沉環）往上拉後加針的方法，適用於不粗的線或是滑順的線。扭轉方式為左右對稱。

〈下針的情況〉

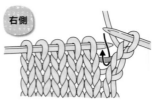

右側

1 編織右端1針，再依照箭頭指示在渡線穿入右針。

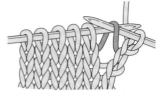

2 用右針把已往上拉的沉環移到左針上。

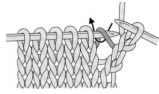

3 依照箭頭指示穿入右針。

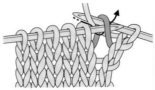

4 掛線後引出。

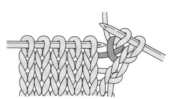

5 右側的扭加針完成了。

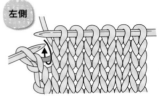

左側

6 織到左側1針的前面，再依照箭頭指示在渡線穿入右針。

7 用右針把已往上拉的沉環移到左針上。

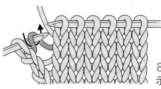

8 依照箭頭指示穿入右針。

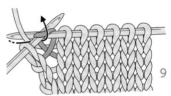

9 掛線後引出。

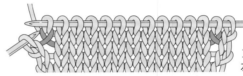

10 左右的扭加針完成了。最後編織左端的1針。

右加針・左加針

用於加針的段有間隔的時候。

〈下針的情況〉

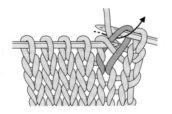

右側

1 編織右端的針目後，右針依照箭頭指示穿入下一針前段的針目中。

2 右針往上拉，掛線後引出，接著編織下針。

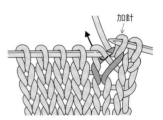

加針

3 這就是加針。用下針編織下一針。

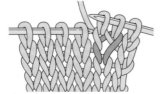

4 右加針完成了。

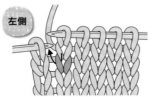

左側

5 織到左端1針的前面，再依照箭頭指示在上上一段穿入右針。

6 用右針把已往上拉的針目移到左針上後，從該針目的前方入針，接著編織下針。

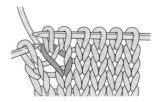

7 左加針完成了。最後編織左端的針目。

〈上針的情況〉

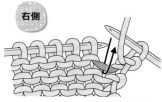

右側

1 編織右端的1針，再依照箭頭指示在渡線穿入右針。

2 渡線往上拉。

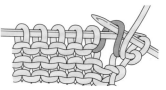

3 已往上拉的線移到左針上。

4 依照箭頭指示穿入右針。

5 在右針上掛線後引出。

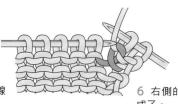

6 右側的扭加針完成了。

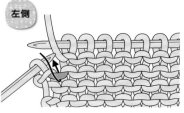

左側

7 織到左端1針的前面，再依照箭頭指示在渡線穿入右針。

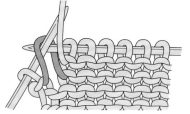

8 用右針把已往上拉的沉環移到左針上。

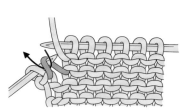

9 依照箭頭指示穿入右針。

10 掛線後引出。

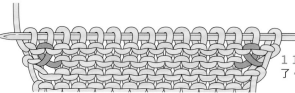

11 左右的扭加針完成了。編織左端的1針。

〈上針的情況〉

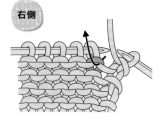

右側

1 編織右端的1針，再依照箭頭指示用右針把下一針前段的針目往上拉。

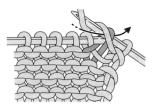

2 掛線後引出，接著編織上針。

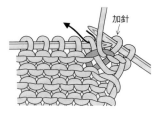

加針

3 這就是加針。用上針編織下一針。

左側

4 織到左側1針的前面，右針依照箭頭指示穿入上上一段的針目中。

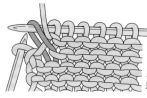

5 往上拉後，移到左針上。

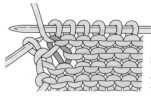

6 用上針編織移好的針目，就完成了。左端的1針也用上針編織。

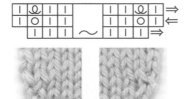

掛針和扭針的加針
此方法適用於粗線。在加針的段做掛針，接著於下一段扭轉該掛針後編織。

〈下針的情況〉

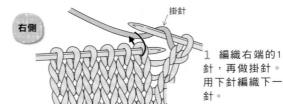

掛針（從正面織的段）

右側

1 編織右端的1針，再做掛針。用下針編織下一針。

2 下針織好的模樣。

左側

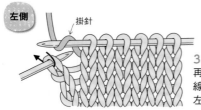

3 織到左端1針的前面，再做掛針（由後往前掛線），接著用下針編織左端的針目。

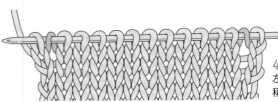

4 掛針完成了。左右的掛針會對稱。

扭針（從背面織的段）

右側

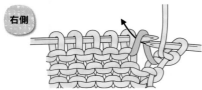

5 用上針編織右端的1針，接著右針依照箭頭指示穿入前段的掛針中。

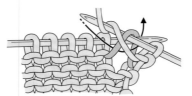

6 掛線後，依照箭頭指示引出。

7 加針完成了。

左側

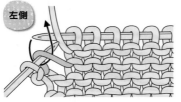

8 織到左端掛針的前面，接著右針依照箭頭指示穿入前段的掛針中。

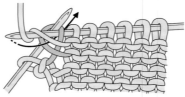

9 掛線後，依照箭頭指示引出。

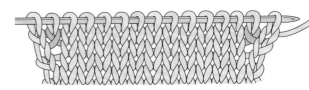

10 左右的掛針和扭針的加針完成了。

分散加針
在織片的幾個地方做加針。

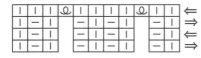

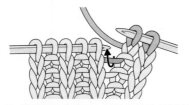

1 織到加針的位置。針目和針目之間的渡線用右針往上拉後，移到左針上。

2 依照箭頭指示穿入右針，再用下針編織。

3 在指定的間隔做加針。

〈上針的情況〉

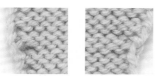

掛針 （從正面織的段）

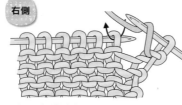

右側

1 用上針編織右端的1針後掛針。用上針編織下一針。

左側

2 織到左端1針的前面後掛針（由後往前在右針上掛線），接著用上針編織邊緣的針目。

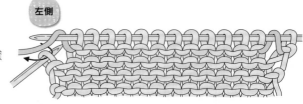

扭針 （從背面織的段）

右側

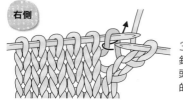

3 編織右端的1針，右針依照箭頭指示穿入前段的掛針中。

4 在右針上掛線，再依照箭頭指示引出。

左側

5 織到左端掛針的前面，右針依照箭頭指示穿入前段的掛針中。

6 在右針上掛線後依照箭頭指示引出，接著用下針編織左端的針目。

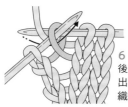

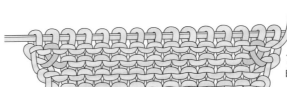

7 左右的掛針和紐針的加針完成了。

捲加針

此種加針方法是在織片的邊緣把線捲在棒針上。2針以上會在編織終點加針，因此左右會間隔1段，但只有1針時則在同一段操作。

〈2針以上的捲加針〉

右側

1 棒針如圖般穿入掛在食指上的線中，接著移出手指。

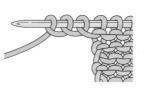

2 重複1，3針捲加針完成的模樣。

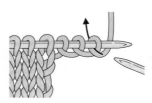

3 右針依照箭頭指示穿入下一段邊緣的針目中。

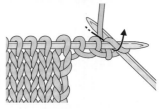

4 用下針編織。從下一針開始也用下針編織（加針持續數段時，邊緣的針目要作滑針）。

左側

1 棒針如圖般穿入掛在食指的線中，接著移出手指。

2 重複1，3針捲加針完成的模樣。

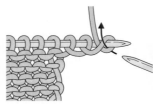

3 右針依照箭頭指示穿入下一段邊緣的針目中。

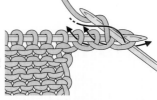

4 用上針編織。下一針開始也用上針編織（加針持續數段時，邊緣的針目要作滑針）。

也有這種加針

此方法在日本不常見，但在其他國家卻很常用。作法是在1針中編入2針，特色是外觀好看、容易分辨挑針的位置。

● 下針的加針

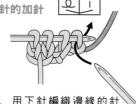
1 用下針編織邊緣的針目，左針的針目不要放掉。

2 接著如編織扭針般入針。

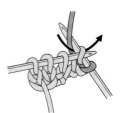
3 掛線後引出。

4 在邊緣1針中編入2針下針。

● 上針的加針

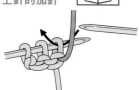
1 用上針編織邊緣的真目，不要放掉左針的針目。

2 接著如編織扭針般入針。

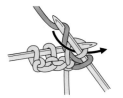
3 掛線後引出。

4 在邊緣1針中編入2針上針。

平均減針或加針的方法

當下襬的鬆緊編需交換，或是開襟外套的門襟需挑針時，此時用於計算需要增減之平均針數的方法即是「平均計算」。此方法會出現在各種情況下，因此務必熟記。

平均計算 Point 1

增減針的間隔數

一開始的關鍵是增減針的間隔。舉例來說，在固定長度的道路種植3棵樹木，而樹木和樹木的間隔就有3種組合。樹木＝增減針的位置，而間隔數也會因增減針的位置而不同。

A　道路開始、道路結尾的情況　間隔數為增減的針數（3針）＋1＝4

B　樹木開始、道路結尾的情況　間隔數為增減的針數（3針）＝3

C　樹木開始、樹木結尾的情況　間隔數為增減的針目（3針）－1＝2

平均計算 Point 2

如何計算

平均計算是織物的獨特計算方法。舉例來說，若8顆糖果平均放在3個盒子，首先每個盒子分配2顆糖果，接著在2個盒子中分別放入2顆剩餘糖果的其中1顆。如此一來，就有2個裝3糖的盒子、1個裝2顆糖的盒子。請以此種算式為基礎，繼續學習實際的用法。

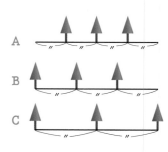

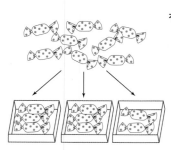

算式

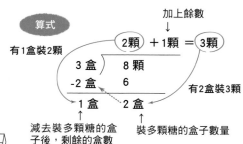

加上餘數
↓
（2顆）＋1顆 ＝（3顆）

有1盒裝2顆

3盒｜8顆
-2盒｜6

有2盒裝3顆

1盒　2盒

減去裝多顆的盒子後，剩餘的盒數

裝多顆的盒子數量

糖果＝增減針場所的針數（或段數）
盒＝間隔數

●平均減針（範例）身片→下擺

後身片
製作45（60針）
下擺
（－7針）
挑（53針）

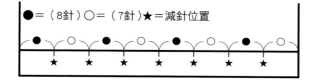

●＝（8針）○＝（7針）★＝減針位置

Point 1 間隔數（除數）

由於兩端不減針，因此是道路開始、道路結尾的A情況。
用減針數（7針）＋1＝8去除。

Point 2 應用於算式

8針4次‥做4次「織6針後，第7針和第8針要2併針」
7針4次‥做3次「織5針後，第6針和第7針要2併針」，最後織7針

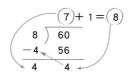

●平均加針（範例）下擺→身片

後身片
（70針）
下擺
（＋9針）
製作45（61針）

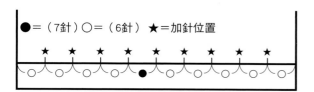

●＝（7針）○＝（6針）★＝加針位置

Point 1 間隔數（除數）

由於兩端不加針，因此是道路開始、道路結尾的A情況。
用加針數（9針）＋1＝10去除

Point 2 應用於算式

7針1次…做1次「織7針後，加1針」
6針9次…做8次「織6針後，加1針」，最後織6針

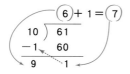

●平均挑針（範例）身片→門襟

若遇到挑針的情況，請把加減針的位置想成
「不挑針即鬆開的位置」再計算。

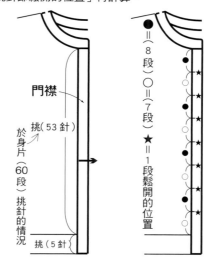

門襟
於身片（60段）挑針的情況
挑（53針）
挑（5針）

○＝（8段）○＝（7段）★＝1段鬆開的位置

Point 1 間隔數（除數）

由於兩端不加針，因此是道路開始、道路結尾的A情況。
用加針數（9針）＋1＝10去除

Point 2 應用於算式

7針1次‥做1次「織7針後，加1針」
6針9次‥做8次「織6針後，加1針」，最後織6針

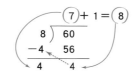

引返編

此織法應用於編織肩斜、下襬的曲線、橫向的斜線或曲線等情況，有一邊留下針目一邊織引返編的「留下針目的引返編」，以及一邊加針一邊織引返編的「增加針目的引返編」。

（正面）

（背面）

※為了方便識別，消段的段改成其他顏色。

留下針目的引返編

用於編織肩斜等線條的方法。每2段保留針目，一邊引返一邊編織。
織完必要次數的引返編後，最後要消段以調整段差。

〈下針的情況〉 右側

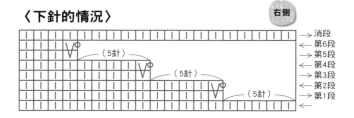

→ 消段
← 第6段
→ 第5段
← 第4段
→ 第3段
← 第2段
→ 第1段
←

（5針）
（5針）
（5針）

第1段 （從背面織的段）

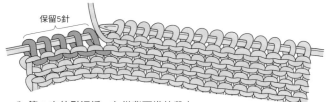

保留5針

1 第1次的引返編。在從背面織的段上，
編織到左針上保留5針的位置。

3 下一針用下針編織。

4 剩餘針目也用下針編織。

第4段 （從正面織的段）

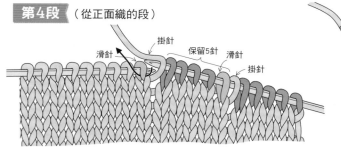

滑針 掛針 保留5針 滑針
掛針

6 織片翻面後，和2一樣做掛針、滑針，接著剩餘針目
用下針編織。重複5、6。

第2段 （從正面織的段）

請避免掛針鬆脫。

滑針 掛針
留下的5針

2 織片翻面後，由前往後掛線做掛針，接著滑動左針上的
第1針（作滑針），移到右針上。

第3段 （從背面織的段）

掛針不計算。 保留5針

5 第2次的引返編。編織到左針
上保留5針的位置。

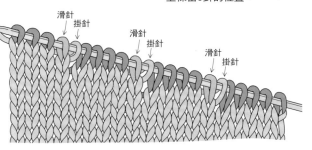

滑針 掛針 滑針 掛針 滑針 掛針

7 第6段（第3次的引返編）完成的模樣。

針目的交換方法（在從背面織的段操作）

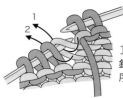

1 線放在前方，2針依照1、2的順序移到右針上。

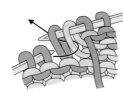

2 左針依照箭頭指示穿入移好的2針中，鉤回左針上。

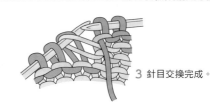

3 針目交換完成。

消段（從背面織的段）

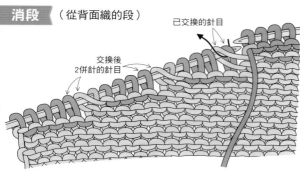

已交換的針目

交換後2併針的針目

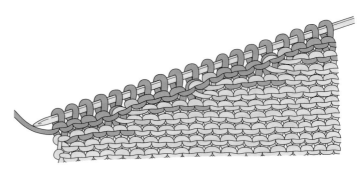

8 在從背面織的段做消段。交換掛針和左側針目（請參照上圖的「針目的交換方法」），用上針編織2併針。

9 右側的引返編完成了。掛針在背面，從正面無法看到。

 左側

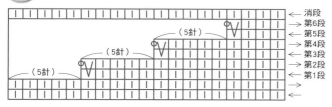

← 消段
→ 第6段
（5針）→ 第5段
（5針）← 第4段
→ 第3段
（5針）← 第2段
→ 第1段
←

（正面）

（背面）

第1段（從正面織的段）

保留5針

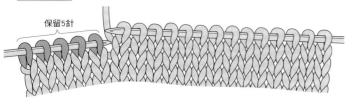

1 第1次的引返編。在從正面織的段上，編織到左針上保留5針的位置。

第2段（從背面織的段）

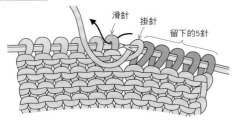

滑針　掛針　留下的5針

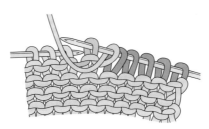

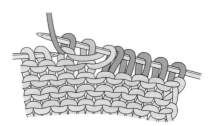

2 織片翻面後，如圖般掛線做掛針，接著滑動左針上的第1針，移到右針上。

3 滑針完成了。下一針用上針編織。

4 剩餘針目也用上針編織。

115

第3段 （從正面織的段）

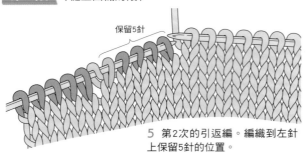

保留5針

5 第2次的引返編。編織到左針上保留5針的位置。

肩斜在左側會多1段

比較記號圖就能清楚了解，左側的引返編要比右側晚1段開始編織，於是左側消段的部分就會多出1段。這是只在段的編織終點保留針目所造成的現象。不過，在接合肩膀並縫合前、後身片之後，左右的段差就會相抵，變成相同的段數。

第4段 （從背面織的段）

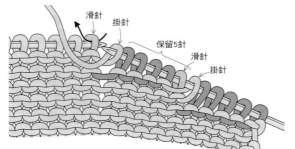

滑針　掛針　保留5針　滑針　掛針

6 織片翻面後，和2一樣做掛針和滑針，而剩餘針目則用上針編織。重複5和6。

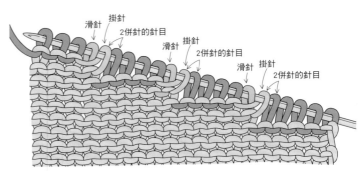

滑針　掛針　2併針的針目　滑針　掛針　2併針的針目　滑針　掛針　2併針的針目

7 第6段（第3次的引返編）編織完成的模樣。

消段 （從正面織的段）

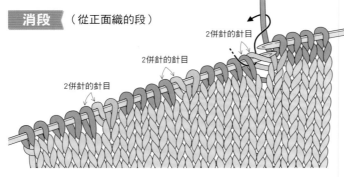

2併針的針目　2併針的針目　2併針的針目

8 在從正面織的段上做消段。不交換針目，依照箭頭指示在掛針和其左側針目穿入右針，再用下針織2併針。

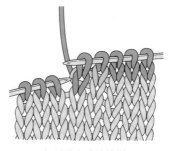

9 編織完成的模樣。

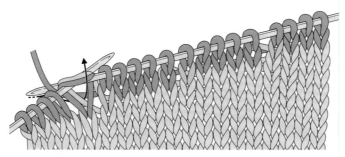

10 用相同方法編織到第3次。掛針從正面無法看到。

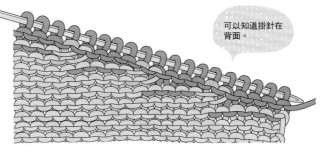

可以知道掛針在背面。

11 從背面觀看成品的模樣。

段數別針代替掛針

引返編的掛針總是會鬆脫時，建議使用此方法。
在做掛針的部分別上段數別針，接著不掛針即作滑針。

 右側

第2段（從正面織的段）

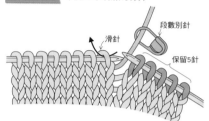

1 如圖般別上段數別針，以代替掛針，接著作滑針。第2、3次的掛針也採用相同方法。

 段消（從背面織的段）

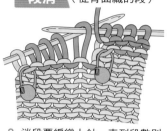

2 消段要編織上針，直到段數別針的位置，接著不編織下一針直接移到右針上。

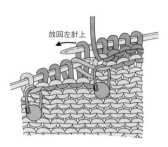

3 左針由下穿入別著段數別針的針目後往上拉，接著鉤回移到右針上的針目。

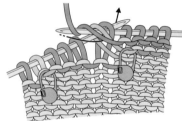

4 用上針一起編織2針。

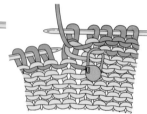

5 剩餘2次也用相同要領編織。

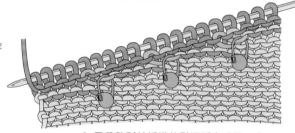

6 用段數別針編織的引返編完成了。拿掉段數別針。

 左側

第2段（從背面織的段）

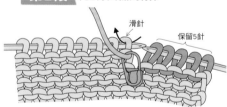

1 如圖般別上段數別針，以代替掛針，接著作滑針。第2、3次的掛針也採用相同方法。

消段（從正面織的段）

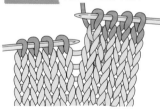

2 消段要編織上針，直到段數別針的位置。

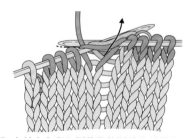

3 左針由上穿入別著段數別針的針目後往上拉，再和右側針目一起穿入右針，接著編織下針。

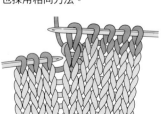

4 剩餘2次也用相同要領編織。

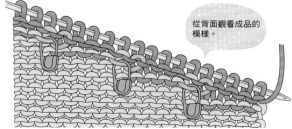

從背面觀看成品的模樣。

5 用段數別針編織的引返編完成。拿掉段數別針。

117

〈上針的情況〉

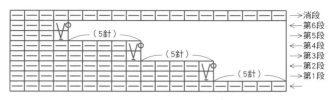

右側

→消段
←第6段
←第5段
←第4段
→第3段
→第2段
→第1段

（5針）
（5針）
（5針）

（正面）

（背面）

※為了方便識別，消段的段改成其他顏色。

第1段 （從背面織的段）

5目残す

1 第1次的引返編。在從正面織的段上，編織到左針上保留5針的位置。

3 移到右針上。

第2段 （從正面織的段）

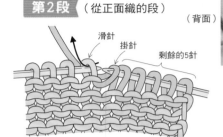

滑針　掛針　剩餘的5針

2 織片翻面後掛針，接著滑動左針上的第1針（作滑針）。

滑針　掛針

4 從下一針開始編織上針。

掛針　滑針

5 從背面觀看掛針和滑針部分的模樣。

消段 （從背面織的段）

交換後2併針的針目

6 在從背面織的段上做消段。編織到滑針的位置。

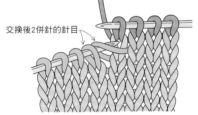

8 2併針編織完成了。用相同手法編織到第3次。

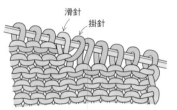

交換的針目

7 交換掛針和其左側的針目，再用下針編織2併針（請參照右圖的「針目的交換方法」）。

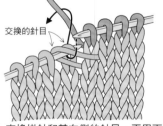

9 右側的引返編完成了。

針目的交換方法
（從背面織的段上操作）

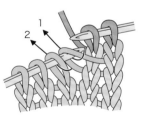

1
2

1 依照1、2的順序用右針移動2針。

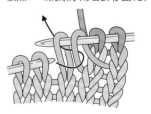

2 左針依照箭頭指示穿入，移到右針上的2針後鉤回。

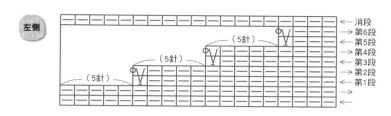

左側

→消段
→第6段
→第5段
→第4段
→第3段
→第2段
→第1段

（5針）　（5針）　（5針）

（正面）

第1段（從正面織的段）

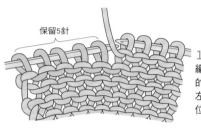

保留5針

1　第1次的引返編。在從正面織的段上，編織到左針上保留5針的位置。

第2段（從背面織的段）（背面）

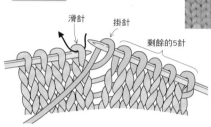

滑針　掛針　剩餘的5針

2　織片翻面後，如圖般掛線做掛針，接著滑動左針上的第1針（作滑針）。

3　移到右針上。

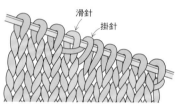

滑針　掛針

4　從一下針開始編織下針。

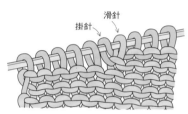

掛針　滑針

5　從正面觀看掛針和滑針部分的模樣。

消段（從正面織的段）

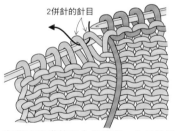

2併針的針目

6　在從正面織的段上做消段。右針依照箭頭指示穿入掛針和其左側的針目中。

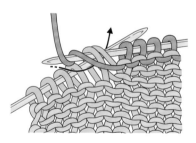

7　掛線後，2針一起用上針編織。

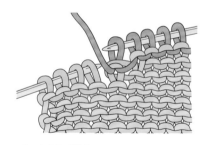

8　2併針編織完成。用相同要領編織到第3次。

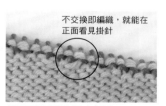

9　左側的引返編完成了。

引返編的構造和要點

在做引返編的時候編織掛針和滑針，是為了減緩段差，以盡量創造出流暢的線條。再者，做消段是為了一邊減去用掛針做的加針，一邊整理段的邊界。從背面織的段上做消段時，採取交換針目的技巧，則是為了讓掛針的線不露在正面。

不交換即編織，就能在正面看見掛針

從正面觀看的情況（右側）。

增加針目的引返編

此方法應用於編織下襬的曲線或斜線等，甚至能用於製作襪子的腳跟。先編織最終所需的針數，持續加針的同時，繼續編織引返編。

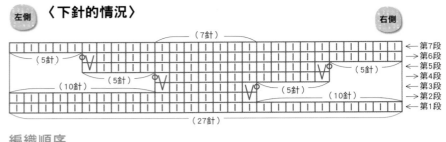

〈下針的情況〉

左側　　　　　　　　　　　　　　右側

編織順序

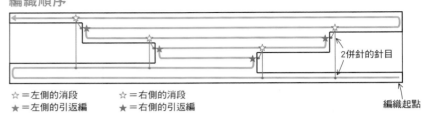

☆=左側的消段　　　☆=右側的消段
★=左側的引返編　　★=右側的引返編

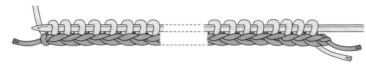

第1段（從正面織的段）

1 從別線的裡山挑取必要針數（記號圖上為27針）。

第2段（從背面織的段）　2 織片翻面，編織上針到左針上保留10針的位置。

保留10針

> 另有用段數別針代替掛針的方法。詳情請參照P.117。

第3段（從正面織的段）

保留10針　　　織6針　　　滑針　　掛針

段數別針的別法

3 織片翻面，右側第1次的引返編。掛針後，滑動左針上的第1針（作滑針）移到右針上。編織下針，直到左針上保留10針的位置。

第4段（從背面織的段）

段數別針的別法

滑針　　掛針

右側第1次的段消。交換針目後，做2併針。

6針　　　滑針　掛針

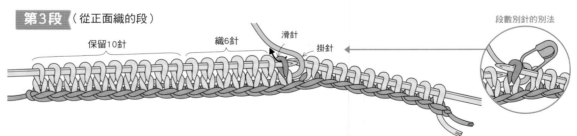

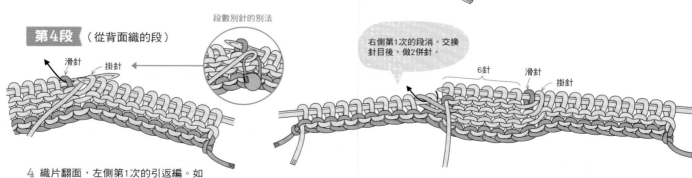

4 織片翻面，左側第1次的引返編。如圖般掛針，再滑動左針上的第1針（作滑針），移到右針上。繼續用上針織6針。

5 交換掛針和其左側的針目（請參照右圖「針目的交換方法」），用上針編織2併針。繼續編織上針，直到左針上保留5針的位置。

第5段 （從正面織的段）

左側第1次的消段。
針目不交換！

保留5針　織4針　　　織11針　　滑針　掛針　剩餘的5針

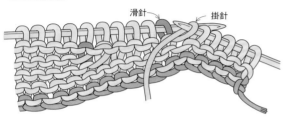

6　織片翻面後做掛針、滑針，接著用下針織11針。段消依照箭頭指示在掛針和左側針目入針，編織下針的2併針。

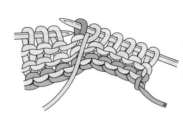

7　織好的模樣。編織下針，直到左針上保留5針的位置。

第6段 （從背面織的段）

滑針　　　掛針

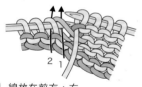

8　織片翻面，左側第2次的引返編。如圖般掛線做掛針。

9　滑動左針上的第1針（作滑針），移到右針上。從下一針開始繼續織上針。消段部分要交換針目，再織上針的2併針，接著持續編織上針直到邊緣。

針目的交換方法
（在從背面織的段上操作）

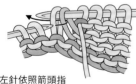

2　1

1　線放在前方，右針依照1、2的順序移動2針。

2　左針依照箭頭指示穿入移好的2針中，再鉤回針目。

3　針目交換完成。

第7段

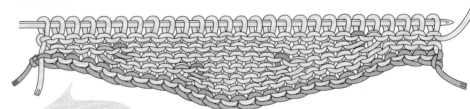

從背面觀看成品的模樣。

10　左側第2次的段消也用第1次的要領編織，接著繼續用下針編織到邊緣（掛針在背面，從正面無法看到）。

（正面）

（背面）

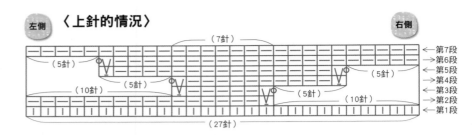

〈上針的情況〉

左側　　　　　　　　　　　　　　　　　　　　　右側

（7針）

（5針）　　　　　　　　　　　　　　　　　　　←第7段
　　　　　　　　　　　　　　　　　　　　　　　→第6段
　　　　　　　　（5針）　　　　　　　　（5針）　←第5段
　　　　　　　　　　　　　　　　　　　　　　　→第4段
（10針）　　　　　　　　　　　（5針）　　　　　←第3段
　　　　　　　　　　　　　　　　　（10針）　　　→第2段
　　　　　　　　　　　　　　　　　　　　　　　←第1段

（27針）

第1段（從正面織的段）

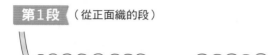

1　於別線的裡山挑取必要針數（記號圖上為27針）。

第2段（從背面織的段）

保留10針

2　織片翻面，再織到左針上保留10針（第2次引返針的部分）的位置。

另有用段數別針代替掛針的方法。詳情請參照P.117。

第3段（從正面織的段）

段數別針的別法

織6針　　滑針　　掛針

3　織片翻面，右側第1次的引返編。做掛針後，再滑動左針上的第1針（作滑針），移到右針上。

保留10針　　（6針）

4　用上針編織到左針上保留10針（第2次引返編的部分）的位置。

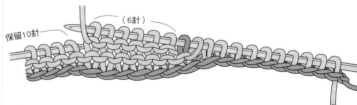

第4段（從背面織的段）

段數別針的別法

滑針　　掛針

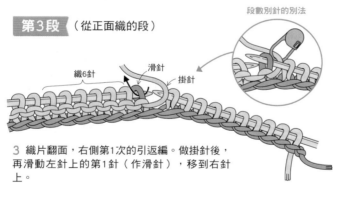

5　織片翻面，左側第1次的引返編。如圖般掛針，再滑動左針上的第1針（作滑針），移到右針上。繼續用下針編織6針。

右側第1次的消段。針目交換後，做2併針！

保留5針　　織4針　　6針

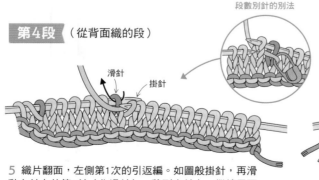

6　交換掛針和其左側的針目（請參照右圖「針目的交換方法」），再用下針織2併針。繼續編織下針，直到左針上保留5針的位置。

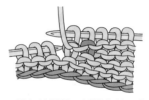

第5段 （從正面織的段）

7 織片翻面後做掛針、滑針（右側第2次），接著用上針編織11針。消段要依照箭頭指示在掛針和左側針目穿入右針，再編織上針的2併針。

8 織好的模樣。編織上針，直到左針上保留至5針的位置。

第6段 （從背面織的段）

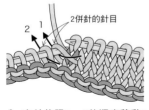

9 織片翻面後做掛針、滑針（左側第2次），接著用下針編織16針。消段部分要交換針目，再編織下針的2併針。繼續編織下針至邊緣。

針目的交換方法
（在從背面織的段上操作）

1 右針依照1、2的順序移動2針。

2 左針依照箭頭指示穿入移好的2針中，再鉤回左針上。

3 針目交換完成。

第7段

從正面觀看成品的模樣

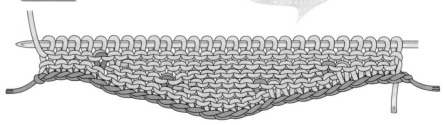

10 左側第2次的消段也用第1次的要領編織，接著用上針織到邊緣（掛針在背面，從正面無法看到）。

（正面）

（反面）

各式各樣的收縫法

為了避免針目在抽出棒針後鬆脫而做的處理，即是「收縫」。
下列會介紹鬆緊編收縫法，以及用縫針固定的方法。基本的「套收針」請參照P.28。

鬆緊編收縫法

此方法是順著鬆緊編的方向做收縫，成品具彈性和美觀。縫針要穿在下針和下針內，或是上針和上針內。收縫的線要比織片寬度長約2.5～3倍，但太長也不好操作，因此請保留40cm左右，並在中途加線即可。請注意別用力拉線。

1目鬆緊編的收縫法
〈 往復編的收縫法 〉

● 右端為2針下針・
　左端為1針下針

編織起點側

1 縫針從前方穿入1的針目，從2的針目前方出針。

2 從1的針目前方入針，從3的針目後方出針。

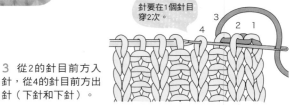

針要在1個針目穿2次。

3 從2的針目前方入針，從4的針目前方出針（下針和下針）。

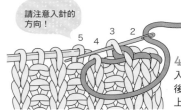

請注意入針的方向！

4 從3的針目後方入針，從5的針目後方出針（上針和上針）。

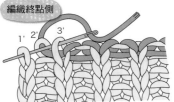

編織終點側

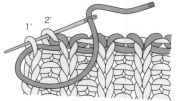

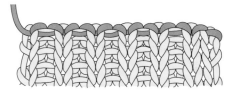

5 重複3、4直到左端。

6 最後從2'的針目後方入針，1'的針目前方出針。

7 完成。

● 兩端皆為2針下針

編織起點一側同上1～4。

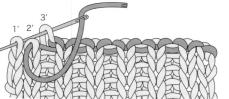

編織終點側

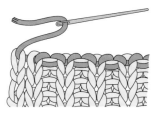

5 從3'的針目後方穿入縫針，從1'的針目前方出針。

6 線引出後的模樣。

♥caution!

　1目鬆緊編收縫法的要點
　①1個針目中一定要穿過2次縫針。
　②請避免弄錯入針和出針的方向。

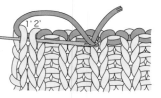

7 從2'的針目前方入針，1'的針目前方出針（下針和下針）。

8 完成。

● 兩端皆為1針下針

編織終點一側同P.1245～7。

編織起點側

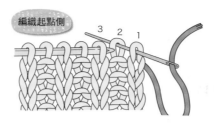

1 縫針從編端2針的前方穿入。

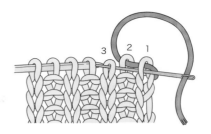

2 從1的針目前方入針，3的針目前方出針（下針和下針）。

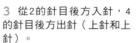

3 從2的針目後方入針，4的針目後方出針（上針和上針）。

〈輪編的收縫法〉

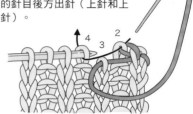

兩端的下針針數因作品而異。每次都請組合此處出現的情況，同時收縫。

編織起點側

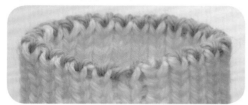

1 縫針從1的針目（最初的下針）後方穿入，2的針目後方穿出。

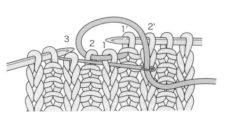

2 從1的針目前方入針，3的針目前方出針。

3 線引出後的模樣。

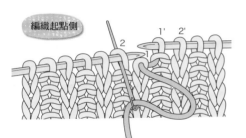

4 從2的針目後方入針，4的針目後方出針（上針和上針）。

5 從3的針目前方入針，5的針目前方出針（下針和下針）。重複4、5。

編織終點側

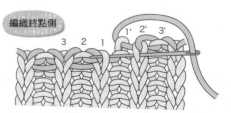

6 從2'的針目前方入針，1的針目（最初的下針）前方出針（下針和下針）。

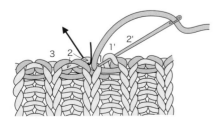

7 從1'的針目（上針）後方入針，從2的針目（最初的上針）後方出針。

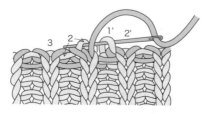

8 縫針穿在1'和2的針目的情況。縫針要在1和2穿3次。

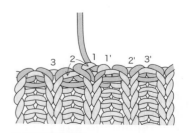

9 引線後即完成。

125

2目鬆緊編收縫法
〈往復編的收縫法〉

● **兩端皆為2針下針**

編織起點側

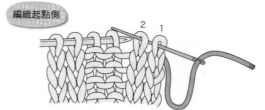

1 縫針從1的針目前方穿入，2的針目前方穿出。

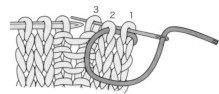

2 從1的針目前方入針，3的針目後方出針。

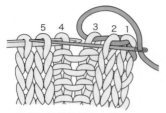

3 從2的針目前方入針，5的針目前方出針（下針和下針）。

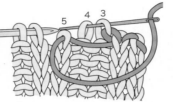

4 從3的針目後方入針，4的針目後針出針（上針和上針）。

5 從5的針目前方入針，6的針目前方出針（下針和下針）。

6 從4的針目後方入針，7的針目前方出針（上針和上針）。重複3～6。

編織終點側

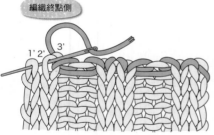

7 從2'的針目前方入針，從1'的針目前方出針

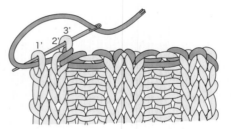

8 從3'的針目後方入針，從1'的針目前方出針。

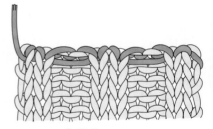

9 完成。

● **右端為3針下針‧左端為2針下針**

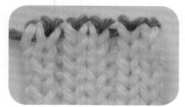

編織終點側同7～9。

編織起點側

1 反摺1的針目，和2針目的背面疊合。

2 縫針從2針交疊的針目前方穿入，3的針目前方穿出。

3 從2針交疊的針目前方入針，4的針目後方出針。之後，和上圖3～6採取相同作法。

● 右端為2針下針・
　左端為3針下針

編織起點側同P.126 1～6。

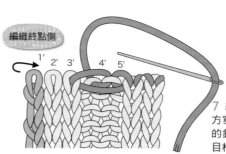

編織終點側

7 線從4'的針目後方穿出後，反摺1'的針目，和2'的針目相疊。

8 縫針從3'的針目前方穿入，2針交疊的針目前方穿出。

9 從4'的針目後方入針，2針交疊的針目前方出針。

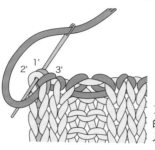

10 再次從相疊的1'、2'針目後方入針。

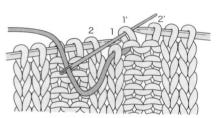

11 完成。

〈 輪編的收縫法 〉

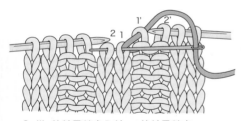

編織起點側

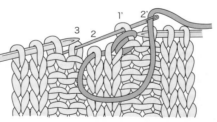

1 縫針從1的針目（最初的下針）後方穿入。

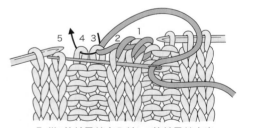

2 從1'的針目（編織終點的上針）前方入針。

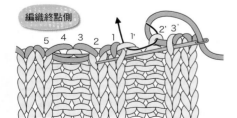

3 從1的針目前方入針，2的針目前方出針（下針和下針）。

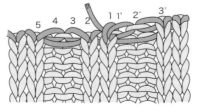

4 從1'的針目後方入針，3的針目後方出針（上針和上針）。

5 從2的針目前方入針，5的針目前方出針（下針和下針）。之後，重複P.126上圖的3～6。

編織終點側

6 終點要從3'的針目前方入針，從1的針目（最初的下針）前方出針。從2'的針目後方入針，從1'的針目後方出針（上針和上針）。

7 線引出後，就完成了。

♥caution!

2目鬆緊編收縫法的要點
①1針裡面一定要穿過2次縫針。
②雖然穿在下針和下針裡面、上針和上針裡面，但也有針目相鄰或針目分開的情況，還請留意。收縫有一定的規律，只要習慣即能流暢地操作。

127

遇到這種情況呢？

鬆緊編收縫法的加線方法

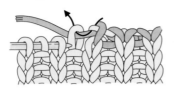
1 縫針穿入上針和上針裡面，再從後方穿出即結束。

2 取新的線用縫針穿入1的相同針目（兩線重疊），接著穿在下針和下針裡面。

3 下針和上針都交替入針固定。

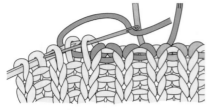
4 繼續鬆緊編的收縫。

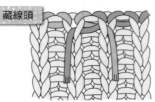
藏線頭

5 織片的背面。

6 每一條線頭都分別縫在縱向的半針上，並用縫針藏起來收尾。

（正面）

（反面）

請避免在正面露出縫線。

捲縫法

成品具彈性且薄。收縫線的長度大約要準備織片寬度的2.5倍。

1 縫針如圖穿入邊端的2針中，接著引出線。

2 針穿入右端針目和1針已放掉的針目，接著引出線。

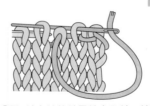
3 重複「從1針之前的針目前方入針，接著放掉1針後，從該針後方入針」。

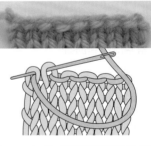
4 每1個針目都穿過2次縫針。

束緊法

此收尾方法應用於帽頂或手套的指尖等筒狀的織片。

〈針數少的情況〉
線穿過所有針目，一口氣收緊。

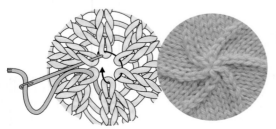

♥ caution!

穿針時針目的方向要一致。

〈針數多的情況〉
每1個針目都穿線，分2次收緊。

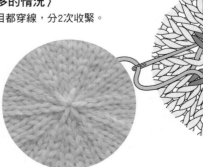

併縫法

針目和針目的接合稱為「併縫」，可使用縫針、鉤針或棒針。
使用縫針時，要準備比織片寬度長約2.5～3倍的線。

使用縫針的方法

由於需用併縫線製作針目，因此要花點功夫織出和織片相同大小的針目，再拉線。1針裡面一定要穿過2次縫針。

平面編併縫

● 兩端皆未收縫

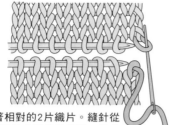

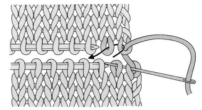

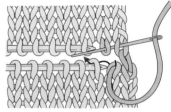

1 拿著相對的2片織片。縫針從背面穿過前方邊緣的針目、後方邊緣的針目。

2 依照箭頭指示依序穿過前方的2針、後方的2針。

3 依照箭頭指示穿過前方的2針。

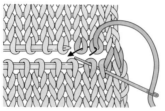

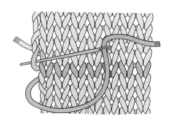

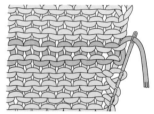

4 接著要穿過後方的2針。重複2～4。

5 最後從後方針目的前方入針。2片織片的邊緣相隔半針。

6 藏線頭。縫線的線頭穿過邊緣針目的線裡面。

● 單片已作套收針

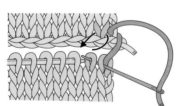

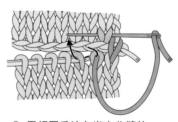

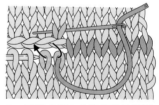

1 縫針從背面穿入尚未收縫的織片邊緣針目，再挑取已作套收針織片邊緣的半針。針依照箭頭指示穿過尚未收縫織片的2針、已作套收針織片的2針。

2 用相同手法在尚未收縫的織片上入針。

3 重複「尚未收縫的織片從正面入針、從背面出針，挑取已作套收針的織片2條逆八字的線」。

● 雙片皆作套收針

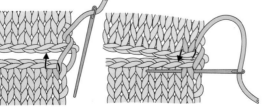

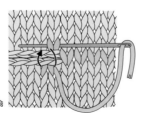

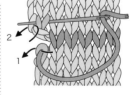

1 縫針從背面依序穿入無線頭的前方織片邊緣的針目、後方邊緣的針目。

2 在前方的針目入針，後方針目也依照箭頭指示入針。

3 重複「挑取前方的八字、後方的逆八字」。

4 最後依照箭頭指示穿過前方針目，和後方已作套收針的針目的半針外側，即完成。

● 併縫針數不同的織片

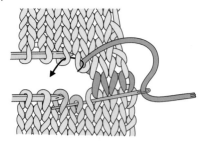

1 針數多的時候，疊合多針數織片的2針後入針。

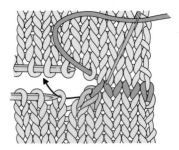

2 從2針疊合的針目入針，左側針目出針。

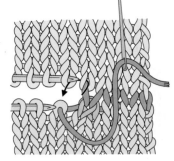

3 針穿過後方的2針。

● 併縫平面編和背面平面編

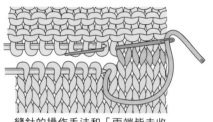

縫針的操作手法和「兩端皆未收縫」相同。

● 併縫平面編和1目鬆緊編

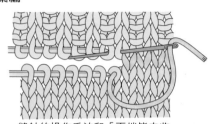

縫針的操作手法和「兩端皆未收縫」相同。

上針平面編併縫

● 兩端皆未收縫

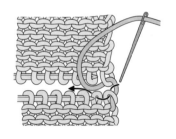

1 縫針從正面依序穿過，前方有線頭織片的邊緣針目，以及後方織片的邊緣針目，接著依照箭頭指示穿過前方的針目。

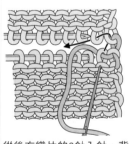

2 從後方織片的2針入針，背面出針，並重複1、2。

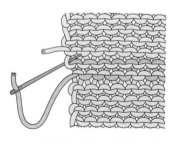

3 最後一針也要穿過2次針。2片織片邊緣相隔半針。

● 單片已作套收針

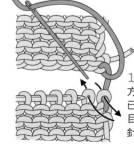

1 縫針從正面穿過前方邊緣的針目，以及已作套收針的邊緣針目，接著穿過前方的2針。

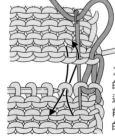

2 針從背面穿過邊緣的針目後拉線，接著穿過已作套收針的針目、前方的針目。重複箭頭的操作。

起伏編併縫

● 一片為上針·
一片為下針

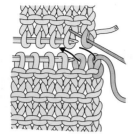

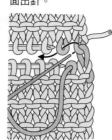

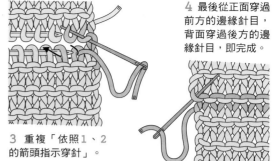

2 從背面穿過後方織片的針目，背面出針。

4 最後從正面穿過前方的邊緣針目，背面穿過後方的邊緣針目，即完成。

1 針從背面穿過前方邊緣的針目，正面穿過後方邊緣的針目。接著，從正面穿入前方邊緣針目，正面出針。

3 重複「依照 1、2 的箭頭指示穿針」。

針目和段的併縫

將一片織片的針目和另一片織片的段縫合，稱為「併縫」。用途相當廣泛，應用於縫合衣袖或衣領等。併縫線要拉到看不見為止。 ※照片為了方便識別，因而未拉線。

● 平面編

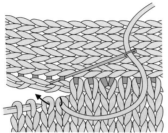

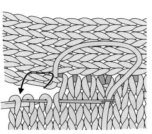

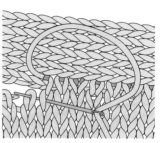

1 挑取1段，針穿過前方針目的2針。

2 段比較多時，有些位置再次挑取2段，加以調整。

3 輪流在針和段之間穿線。拉緊縫好的線，直到看不見為止。

● 上針平面編

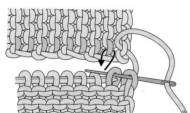

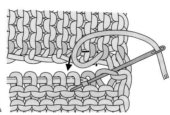

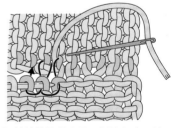

1 針目和上針平面編併縫一樣，從背面入針、出針。段要挑取1針內側的橫線。

2 針目從背面入針、出針。段較多的時候，再次到處挑取2段，加以調整。

3 輪流挑取段和目，併縫起來。拉緊縫好的線，直到看不見為止。

● 併縫已作套收針的針目

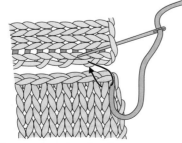

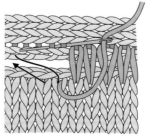

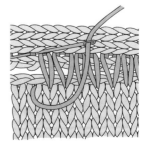

1 已作套收針的織片放在前方，接著針如圖穿過段的起針和前方針目。段要挑取渡線。

2 段較多的時候，再次到處挑取2段，加以調整。

3 針輪流穿過針目和段。拉緊縫好的線，直到看不見為止。

● **併縫編織起點和編織終點**　1目鬆緊編能夠漂亮地併縫，成品甚至看不見縫合痕跡。
由於是接著別線直接併縫，因此要稍微用力拉線。

拆下別線的模樣

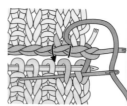

1 針從背面穿入前方有線頭織片的邊緣針目後，挑取後方的邊緣針目，接著依照線頭指示挑取前方針目。

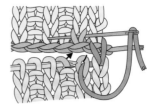

2 針穿入後方織片的下針中。依照線頭只是穿過前方織片的下針和上針。

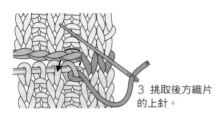

3 挑取後方織片的上針。

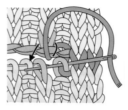

4 針從背面穿過前方織片的上針和下針，從正面出針。重複2～4。

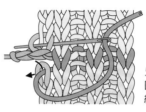

5 邊緣的針目也如圖般穿線。拆除別線。

捲併縫（捲針縫）

此為簡單的併縫方法，有捲針縫半針（1條線）和捲針縫1針（2條線）2種狀況。

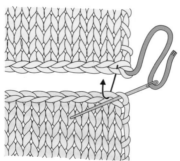

1 有線頭的織片放在後方，拿著相對的2片織片。縫針穿入前方的半針鎖針中。

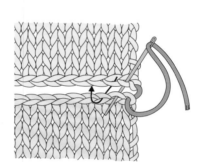

2 縫針從後方織片的正面穿過2織片外側的半針鎖針，然後拉線。

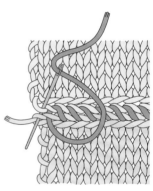

3 重複2，最後也從後方織片的正面入針後即完成。

使用鉤針的方法

引拔併縫　可以用於肩膀的併縫等情況。併縫針目和針目。

引拔的針目要和織片針目為同等大小

● **針數相同**

1 2片織片的正面疊合後，先用左手拿著，接著鉤針穿入兩者的邊緣針目。

2 掛線後，2針一起引拔。

3 引拔完的模樣。

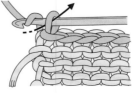

4 下一針也穿入鉤針後掛線，接著3針一起引拔。

5 重複4，在最後的圈圈做引拔。

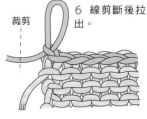

裁剪

6 線剪斷後拉出。

● 針數不同

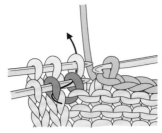

1 鉤針穿入前方織片的2針和後方織片的1針，接著掛線後4針一起引拔。

2 鉤針穿入前方織片的1針和後方織片的1針，接著掛線後3針一起引拔。

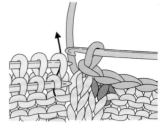

3 重複「鉤針穿入前方針目和後針針目，接著掛線後引拔成1針」。

覆蓋併縫 可以用於肩膀的併縫等情況，而且具備彈性。

● 使用鉤針

1 2片織片正面相疊後，鉤針穿入2片織片的邊緣針目，接著從前方針目中間引拔出後方織片的針目。

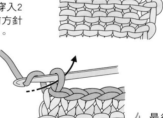

2 在鉤針上掛線，再引拔。

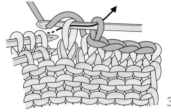

3 重複1、2。

4 最後從留在鉤針上的針目鉤線引拔，剪掉剩下的線。

● 使用棒針

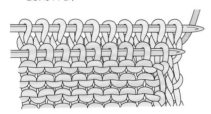

1 2片織片的正面相疊。

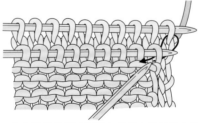

2 用其他棒針（無頭）從前方的針目中引出後方織片的針目。

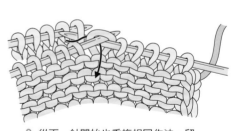

3 從下一針開始也重複相同作法，留下另一邊的針。

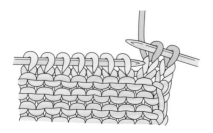

4 用剩下的線在邊緣作套收針。用下針編織邊緣的2針。

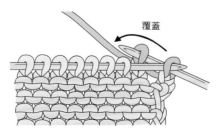

覆蓋

5 使用左針的前端，把右側針目覆蓋到左側針目。

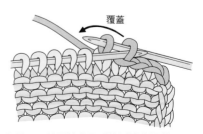

覆蓋

6 從下一針開始也是重複編織後覆蓋。

綴縫法

縫合織片的段和段就稱為「綴縫」，用於脇邊和袖下的縫合。正面朝上，縫針挑取織片橫向的渡線（沉環）後穿入，接著拉線。縫線取40cm左右，比較方便操作。

挑針綴縫

平面編

● **直線部分**

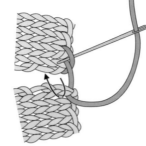

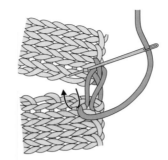

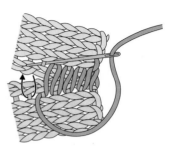

1 前方和後方都用縫針挑取起針針目的線。

2 輪流挑取2片織片每段邊緣1針內側的沉環，接著拉線。

3 重複「挑取沉環，拉縫線」。請拉到縫線完全看不見為止。

● **加針的情況**

1 縫針從加針（扭針）的交叉部分下方穿入。

2 另一側加針的交叉部分也從下方入針。

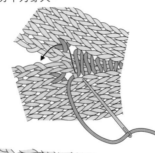

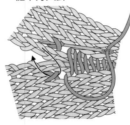

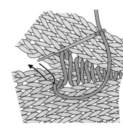

3 一起挑取加針的交叉部分，和下一段的邊緣1針內側的沉環（另一側也一樣）。

● **減針的情況**

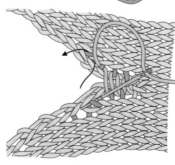

1 減針部分從邊緣1針內側的沉環，和減針後相疊的下方針目中間入針，再挑取（另一側也一樣）。

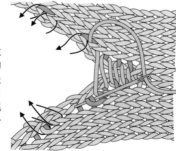

2 一起挑取減針部分，和下一段的邊緣1針內側的沉環（另一側也一樣）。

（**半針內側的挑針綴縫**）織片的邊緣編織得漂亮，且成品很薄，適用於粗線。

● **直線部分**

1 前方和後方的織片都要挑取起針針目的線。

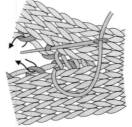

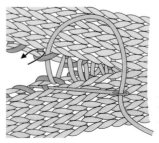

2 挑取邊緣針目的橫線和外側的半針。

3 為了避免縫線往上吊，請溫柔地拉到線看不見為止。

起伏編

● 直線的情況

每2段綴縫

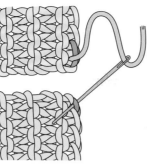

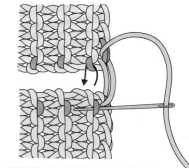

1 挑取前方織片起針針目的線。

2 挑取後方織片起針針目的線。

3 每2段就挑取前方織片1針內側朝下的針目，和後方織片邊緣朝上的針目。

♥caution!

挑針綴縫要把縫線拉到完全看不見為止。拉到極限時，手上的線會有一種停止感覺，因此請從容地確認綴縫。

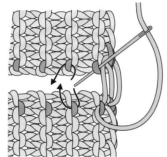

4 輪流1針內側朝下的針目（沉環）和邊緣朝上的針目（針環）。

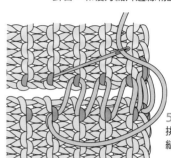

5 重複「每2段挑取針目，綴縫後拉線」。

每1段綴縫

1 挑取前方織片的起針針目的線。

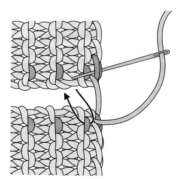

2 挑取後方織片的起針針目的線，挑取前方織片邊緣1針內側的沉環。

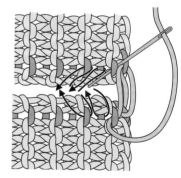

3 每一段的下針和上針都要挑取邊緣1針內側的沉環。

● 加針的情況

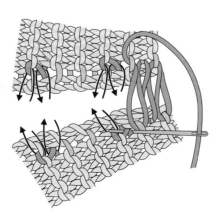

針從加針（扭針）的交叉部分下方穿入後挑取。下一段加針的交叉部分再次入針，接著一起挑取邊緣1針內側的沉環。

● 減針的情況

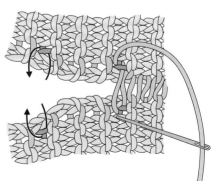

一起挑取減針後相疊的下側針目和下一段之間的沉環。

1目鬆緊編

● 從編織起點開始綴縫
〈用1目鬆緊編起針法開始編織〉

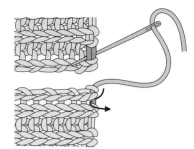

1 挑取後方和前方的編織起點邊緣1針內側的沉環。

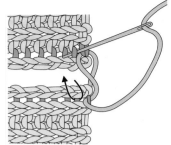

2 接著輪流挑取2片織片每一段邊緣1針內側的沉環。

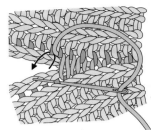

3 重複「挑取沉環，拉縫線」。

● 從編織終點開始綴縫
〈用1目鬆緊編收縫〉

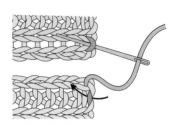

1 挑取後前方1目鬆緊編收縫邊緣1針內側的線。

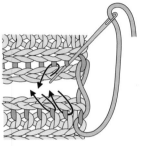

2 接著輪流挑取2片織片每一段邊緣1針內側的沉環。

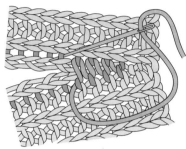

3 重複「挑取沉環，拉線」。

● 中途改變編織方向
〈分界線無加減針〉

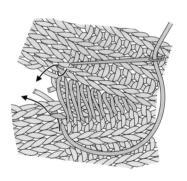

縫到分界線時，前方織片於外側錯開半針，後方織片內側錯開半針，接著挑取下一針邊緣1針內側的沉環。

〈邊緣用鬆緊編減1針〉

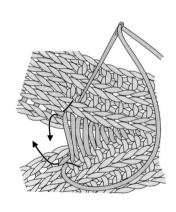

縫到分界線時，於半針外側錯開，接著挑取下一針邊緣1針內側的沉環。

（半針內側的挑針綴縫）

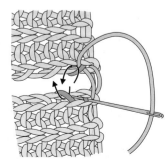

1 前後方織片都要挑取起針針目的線。

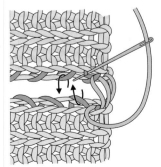

2 挑取邊緣針目的橫線和外側半針。

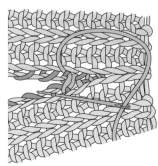

3 為了避免縫線往上吊，請溫柔地把線拉到看不見為止。

2目鬆緊編

● 從編織起點開始綴縫的情況　〈用2目鬆緊編起針法開始編織〉

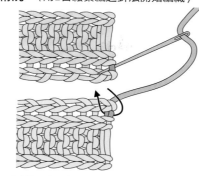

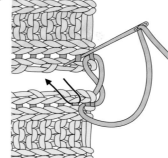

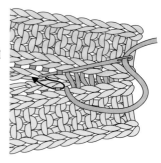

1 挑取前後方編織起點邊緣1針內側的沉環。

2 輪流挑取2片織片每一段邊緣1針內側的沉環。

3 重複「挑取沉環，拉縫線」。

● 從編織終點開始綴縫　〈用2目鬆緊編收縫〉

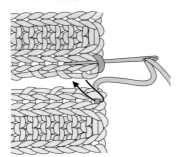

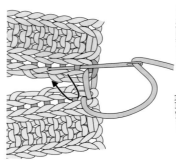

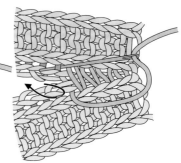

1 挑取1目鬆緊編收縫的線後，接著取前後方用1目鬆緊編收縫邊緣1針內側的沉環。

2 前後方都要輪流挑取邊緣1針內側的每個沉環。

3 重複「挑取沉環，拉縫線」。

● 中途改變編織方向
〈分界線無加減針〉

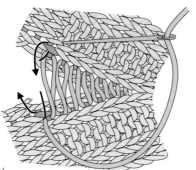

〈邊緣用鬆緊編減1針〉

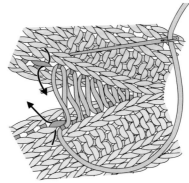

輪流挑取2片織片邊緣1針內側的每個沉環，而分界線則是前方要於外側錯開半針，後方則在內側錯開半針，接著挑取下一個邊緣1針內側的沉環。

輪流挑取2片織片邊緣1針內側的每個沉環，而分界線則依照箭頭指示於外側錯開半針，接著挑取下一個邊緣1針內側的沉環。

縫針縫合時，使用短一點的毛線

縫針縫合時，縫線一旦太長就容易造成打結、不好操作，而且因為要穿過好幾次針目，所以也可能發生線分岔的情況。不妨以40～45cm為標準，當長度不足時再加線即可。

137

上針平面編

● 直線部分

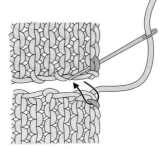
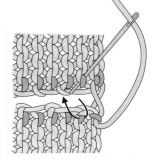
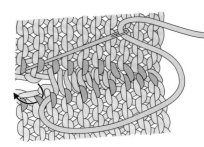

1 前後方的織片都用縫針挑取起針針目的線。

2 輪流挑取每段邊緣1針內側的沉環，再拉線。

3 重複「挑取沉環，拉縫線」。

● 有加針的情況

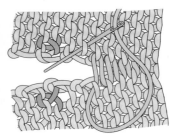
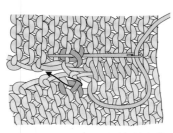
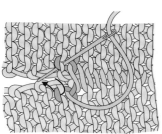

1 輪流挑取每段邊緣1針內側的沉環，綴縫至加針的位置。

2 2片織片都要從加針（扭針）的交叉部分下方穿入縫針。

3 一起挑取加針的交叉部分和下一段邊緣1針內側的沉環。

● 減針的情況

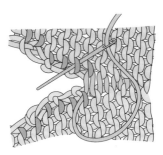
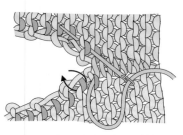
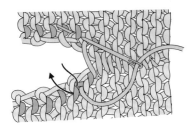

1 輪流挑取2片織片每段邊緣1針內側的沉環，綴縫至減針的位置。

2 減針部分為邊緣1針內側的沉環，和減針後相疊的下側針目中間入針，再挑取。

3 接著挑取減針部分和下一段1針內側的沉環。

遇到這種情況呢？

加縫線的方法 當線快用完時，改用其他線綴縫。綴縫完畢，在背面藏線頭。

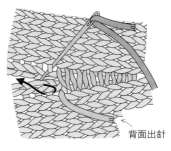

1 當縫線的線頭剩下5～6cm，就改用新線綴縫。線頭從背面出針。

背面出針

藏線頭

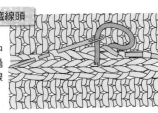

2 從縫份的線中間入針，再穿過線頭。2條線的線頭要分別藏好。

引拔綴縫　主要用於衣袖接合等情況。方法簡單，適合初學者。

● 綴縫段

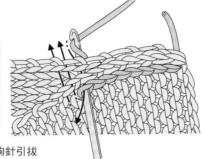

織片的正面疊合後，用鉤針引拔並綴縫。

● 綴縫曲線

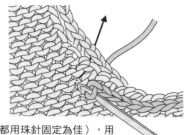

織片的正面疊合後（各處都用珠針固定為佳），用鉤針引拔並綴縫。

半回針綴縫　主要用於衣袖接合等情況，成品非常漂亮。粗線請使用分股線。

● 綴縫段

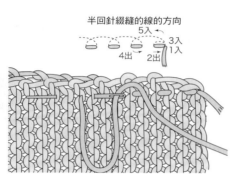

半回針綴縫的線的方向
5入
3入
1入
4出
2出

織片的正面疊合後，鉤針和織片保持平行方向，接著一邊入針和出針一邊綴縫。

● 綴縫曲線

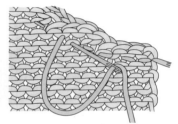

織片的正面疊合後（各處都用珠針固定為佳），鉤針和織片保持垂直方向，接著一邊入針和出針一邊綴縫。

關於分股線

1條線搓開後分成2股的線，就稱為分股線，可用於接合衣袖或縫合鈕扣等情況。
但是，易斷的線以及有許多裝飾的線，並不適用於製作分股線。

往眼前旋轉

1 線剪成30～40cm左右，搓揉中間部分。

2 線逐漸分開。

3 分成兩股。

4 重新搓好分股的線，再用熨斗燙整。

遇到這種
情況呢？

縫線穿針的方法

1 線對摺後掛到針上，接著用手指壓住，抽出縫針。

2 針眼朝上放在手指之間，再把針往內壓。

3 毛線穿過去後，從針眼拉出線頭。

挑針

從織片上拉出新線以製作新的針目，就稱為「挑針」。用於編織下襬、袖口、衣領、門襟等情況。

從別線起針的挑針

● 別線的拆除法──從別線的編織終點挑針後編織

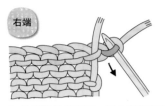

右端

1 檢查織片的背面，並在別線的裏針入針，接著拉出線頭。

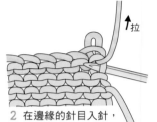

拉

2 在邊緣的針目入針，拆除別線。

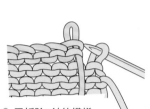

3 已拆除1針的模樣。

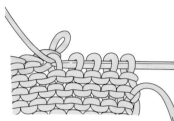

4 一邊拆除別線，一邊把每一針移到棒針上。

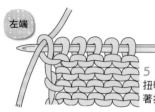

左端

5 最後的針目保持扭轉的狀態入針，接著拉掉別線的線。

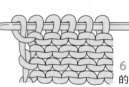

6 移動完畢的模樣。

♥ caution!

一邊拆除別線一邊移到棒針上的針目，不算作1段。接上新線後編織的第1段，就成為挑目的段。

第1段 （和起針挑取相同針數）

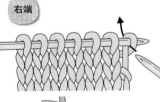

右端

1 織片翻面後，針從前方穿入右側針目。

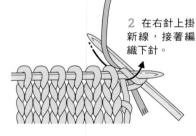

2 在右針上掛新線，接著編織下針。

左端

5 改變左側針目的針目方向後，線頭由後往前掛線，接著一起用下針編織。

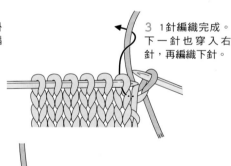

3 1針編織完成。下一針也穿入右針，再編織下針。

6 第1段編織完成。

4 之後，用下針編織。

第1段 （在右側減1針後挑針）

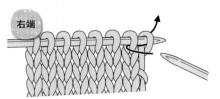

右端

1 針依照箭頭指示穿入右側2針。

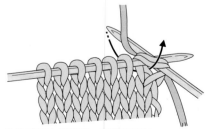

2 在右針上掛新線，再編織下針。

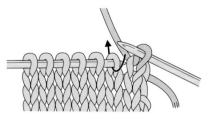

3 第1針編織完成。下一針也穿入右針，再用下針編織。

● 別線的拆除法──從別線的編織起點挑針後編織

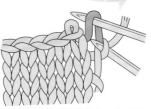

使用無頭的棒針。

右端

拉出

拉出

1 檢查織片的正面,並在別線的裡山入針,接著拉出線頭。

2 線頭解開的模樣。

3 針穿入右側的針目中,再次拉出別線的線頭。

左端

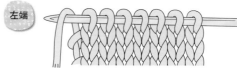

4 一邊拆除別線,一邊把下一個針目移到棒針上。

5 一邊拆除別線,一邊把針目移到棒針上,直到最後一針。

6 最後一針移完後,線頭由後往前掛線。第1段用P.140的相同手法從右側開始織。

從手指掛線起針的挑針

● 平面編

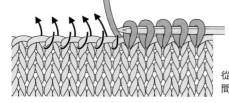

從針目和針目之間逐一挑起1針。

● 上針平面編

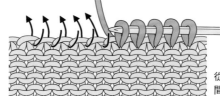

從針目和針目之間逐一挑起1針。

從套收針的挑針

● 平面編

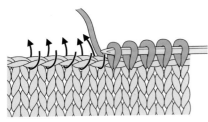

從1針開始挑起1針。

挑取多針時,也從針目和針目之間挑針。

挑取少針時,解開各處的針目。

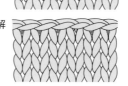

● 上針平面編

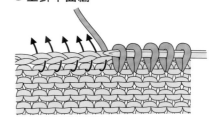

從1針挑起1針。

左端

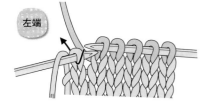

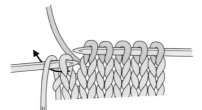

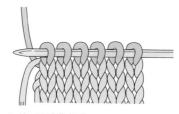

4 線頭由後往前掛線,接著左針上的最後一針依照箭頭指示移到右針上。

5 移好的針目放回左針上,再依照箭頭指示穿入右針,接著連同線頭一起用下針編織。

6 第1段編織完成。

從段的挑針

● 平面編

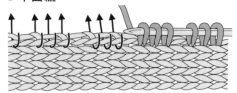

在邊緣1針內側的分界處入針,一邊掛線一邊拉出針目(針數減得比段少時,請解開段)。

● 1目鬆緊編

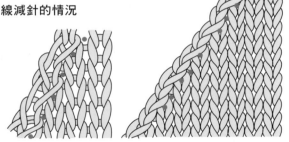

從邊緣1針內側開始挑針。當分界線的編織方向不同時,請錯開半針,再從邊緣1針內側挑針。

斜線或曲線的挑針

● 斜線減針的情況

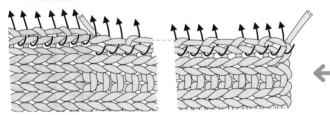

挑取1針內側。在做過2併針後針目相疊的情況下,針則穿入下方針目,之後減針位置就會錯開半針。

● 斜線捲加針的情況

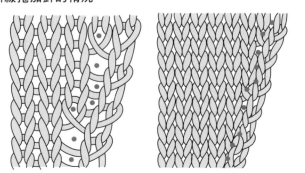

挑取1針內側。在做過捲加針的情況下,針要穿入針目中間,之後加針位置就會錯開半針。

● 上針平面編

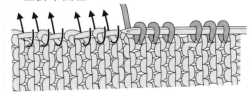

在邊緣1針內側的分界處入針,一邊掛線一邊拉出針目(針數減得比段少時,請解開段)。

為了編織工整的織片邊緣

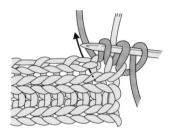

在已用鬆緊編收針的織片上挑針時,會在挑針起點和終點作捲加針,以便做出工整的邊緣。捲加針的針目可以算作1針,因此須避免弄錯全部的挑針針數。

捲加針的作法

在左手食指上掛線,右針從線的後方穿入,接著製作1針。

● 曲線捲加針的情況

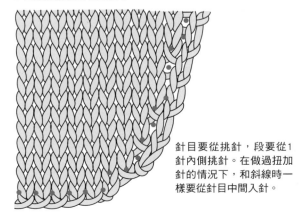

針目要從挑針,段要從1針內側挑針。在做過扭加針的情況下,和斜線時一樣要從針目中間入針。

圓領的挑針

套頭毛衣和開襟外套都用相同訣竅，從段開始挑針。中央有套收針和保留針目的情況（休針），而保留針目的話，則用下針編織掛在棒針上的針目。

● 衣領的挑針位置

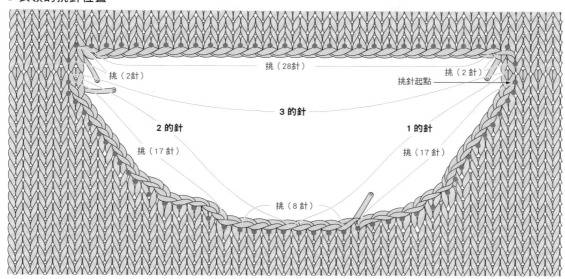

挑（28針）

挑（2針）　　　　挑（2針）

挑針起點

3 的針

2 的針　　　　1 的針

挑（17針）　　　挑（17針）

挑（8針）

用4針棒針或輪針挑針。

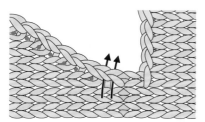

1 從左肩的併縫位置旁邊挑針。箭頭和●記號是拉出線的位置。

2 針穿入最初的挑針位置，拉出新線。

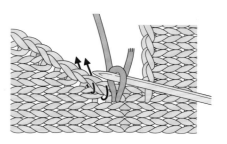

3 1針挑取完畢。請參考衣領的挑針位置圖，繼續挑針。遇到2併針的針目則從下方針目穿入棒針。

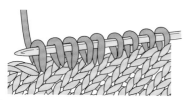

4 挑取至中央的套收針位置。

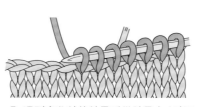

5 遇到套收針的針目則從針目中央穿入棒針，接著挑取。

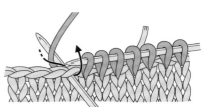

6 在前領的中間更換下一根針（使用輪針則直接繼續挑針），再挑針。

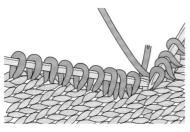

7 在後領更換棒針，再繼續挑針到第1段的最後。

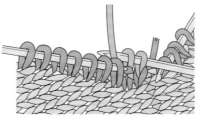

8 從第2段開始是應用於1目鬆緊編等作品的織法。在使用4根針的情況下，由於3根棒針上都掛著針目，因此改用第4根針繼續編織。

143

V領的挑針和織法

中央V字尖端的減針是關鍵。用無頭的3根棒針分開編織，或者使用輪針。

第1段

1 針穿入左前肩的邊緣1針內側，再拉出新線。

用4根棒針或輪針挑取。

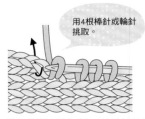

2 挑取邊緣1針內側，而減針位置則從相疊的下側針目中入針。挑取左前領下的斜線。

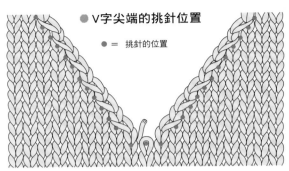

● V字尖端的挑針位置

● ＝ 挑針的位置

別線須解開

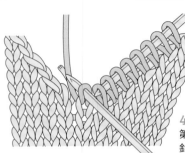

3 新針穿入前領中央的針目，在編織下針。

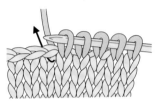

4 右領口用第2根棒針挑針。

5 右前領挑取完畢後，更換棒針。後領套收針的部分要從針目中央入針。

第2段

1 挑取至後伸片的左肩之後，更換棒針，接著繼續挑取至第1段最初的針目。

中央針目

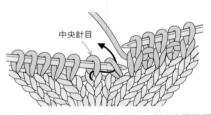

2 V領尖端要編織中上3併針。右針依照箭頭指示穿入中心和右側的針目中，再鉤取針目。

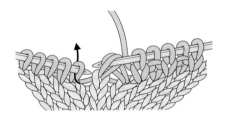

3 用下針編織左針上的針目。

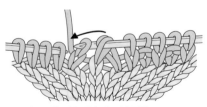

4 用移到右針上的2針覆蓋。

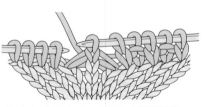

5 中上3併針完成，左側和右側呈對稱。

6 V字間端要做指定次數的減針（中上3併針）。

● 沒有中央針目

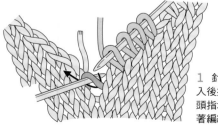

1 針從渡線下方穿入後挑取，再依照箭頭指示穿入右針，接著編織下針。

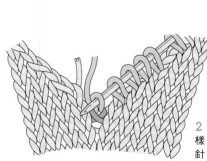

2 扭針完成了。這樣就變成中央的1針。

馬球領的挑針和織法

翻開前面中心，編織左右的門襟。從門襟的段的一半挑取衣領後編織。
衣領要反摺，因此編織時請留意正反面。男款左右門襟的疊合方向呈上下相反。

門襟的處理

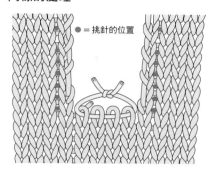

● ＝挑針的位置

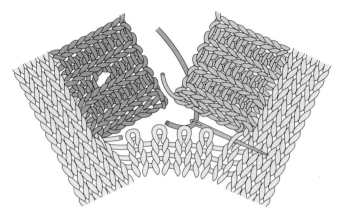

1 中央針目用別線固定後靜置，分別編織左右側。挑取左右側的門襟，邊緣要做捲加針。

2 拆開別線後保留針目（圖有省略別線），線頭保留20cm左右，接著從門襟接合終點的休針右側針目後方穿入縫針。

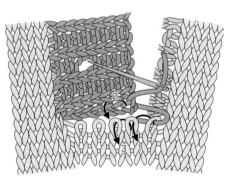

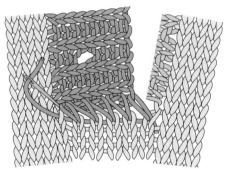

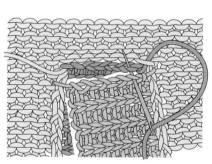

3 挑取右門襟1針內側鬆緊編收縫的線、再拉線。接著依照箭頭指示，在前襟接合終止處穿入縫針。輪流穿入鉤針，用針和段的併縫，接合前襟的段和門襟接合終止處的休針。

4 為了方便識圖片有畫出目和段的併縫線，但其實線要拉到看不見為止。線頭從背面穿出。

5 翻到背面後，使用保留在起點的線頭，把左前襟用捲針縫接在縫份上面。

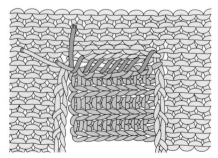

6 捲針縫完成的模樣。藏好數條露在外面的線頭。

衣領的挑針

● ＝挑針的位置

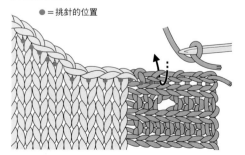

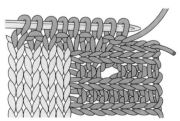

1 衣領要在邊緣做捲加針後，從門襟的途中開始挑針。

2 第2段是用1目鬆緊編編織，但因為要反摺，所以邊緣要用上針2針織。

接合衣袖

依照衣袖的類型，有各式各樣接合衣袖的方法。以下介紹3種代表性的衣袖接合法

基本袖
（用引拔綴縫接合）

此作法最常見在曲線袖攏上，接合有袖山的衣袖。
縫合脇邊和袖下，再接合身片和衣袖。

接合衣袖的準備

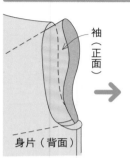

身片翻到背面，再
塞入衣袖，讓兩者
正面相疊。

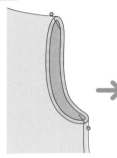

對齊脇邊和袖下、
肩膀和袖山中心，
再用珠針固定。

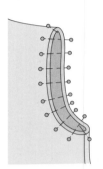

在珠針之間插上更
細的珠針（綴縫圖
上有省略）。

從邊緣開始逐一併
縫1針內側

1 鉤針穿入脇邊挑
針綴縫的旁邊，再
拉出線。

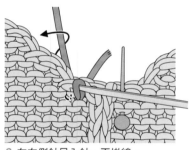

2 在左側針目入針，再掛線。

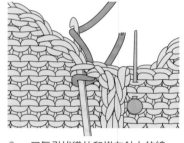

3 一口氣引拔織片和掛在針上的線。

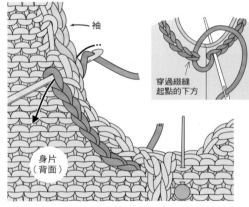

穿過綴縫
起點的下方

4 針目以每次縫1針、段以每3段縫2段的比例，持
續綴縫。在編織終點把線頭穿到縫針上，接著從最
初針目的下方穿過去後製作1針，最後從衣袖一側出
針。

● 半回針綴縫（使用分股線）

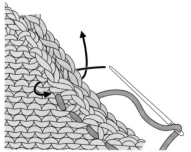

直線在1針內側，而曲線則在稍微內側
的位置讓線如圖般縫合。此方法雖然堅
固並兼具美觀，但很難在中途拆開且耗
時。初學者請特別留意。

拉克蘭袖
（用平面編併縫‧
　挑針綴縫接合）

衣領到袖下有一條斜線（拉
克蘭袖）的衣袖，就是拉克
蘭袖。衣袖接合處要織成與
身片、衣袖相同的形狀，而
袖下的邊角則用平面編併
縫，拉克蘭線用挑針綴縫。

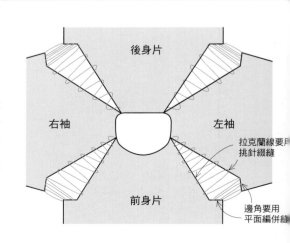

後身片

右袖

左袖

拉克蘭線要用
挑針綴縫

前身片

邊角要用
平面編併縫

直線袖
（用針目和段的併縫接合）

沒有袖攏或曲線，裁剪成四角形的類型，就稱為直線袖。沒有袖山，線條平坦。接合衣袖後，繼續綴縫袖下和脇邊。

接合衣袖的準備

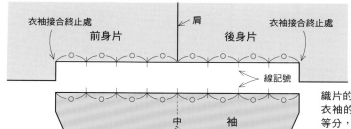

織片的正面朝上，將身片和衣袖的接合位置分別分成8等分，接著畫上線記號。依序對齊兩者的線記號，然後逐漸併縫。

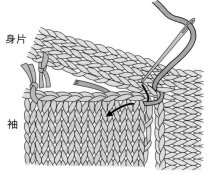

1 糸線頭保留20cm，再從衣袖背面入針，接著逐一挑取半針。

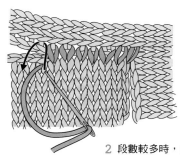

2 段數較多時，到處挑取2段，加以調整。在1等分的中央均勻地對齊。

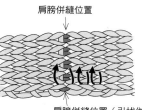

3 在肩膀併縫位置挑取全部的併縫線。

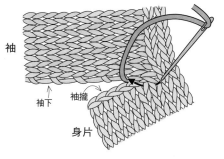

4 保留的線頭穿出正面，而袖攏和袖下也用相同要領併縫。

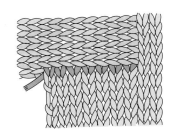

5 併縫完畢。

♡caution!

併縫線請拉到看不見為止（為了方便辨別線的接合狀況，圖有畫上併縫線）。

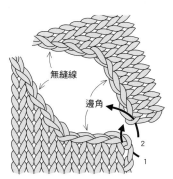

1 織片朝上，依序在2片織片上穿入縫針。

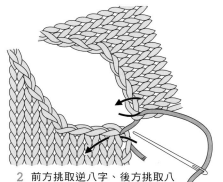

2 前方挑取逆八字、後方挑取八字，接著用平面編併縫接合。每1針要穿過2次針。

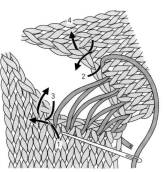

3 移到段上時，在1段上錯開半針的挑針位置，之後繼續挑針綴縫製袖口。

熨斗的燙法

編織完成後，用蒸氣熨斗燙整織片背面。
熨斗要稍微遠離織片，以免燙壞針目。

熨斗和織片要相隔2～3cm，讓蒸氣確實覆蓋針目。若在意織片歪斜，請趁織片仍保留著蒸氣熱度之前，用手輕柔地整理。

拆除成品重新編織前，也一定要用蒸氣燙整毛線，以免殘留編織的痕跡。

燙整的注意事項

①確認毛線的標籤後，若無法直接用高溫的熨斗燙整，請先墊上襯布。
②編織完上衣各部位後，馬上用熨斗燙整，成品就會很美觀（調整尺寸時，請在成品尺寸插上細珠針後燙整）。
③測量密度用的織片不插上珠針，就能整理成自然的針目。

簡單調整尺寸的方法

作品的尺寸不適合自己時，只要改變棒針的號數，就能簡單地調整尺寸。用1號棒針約能讓成品尺寸增減5%，用2號則能增減10%左右。不過，使用相差太多的號數編織，就會造成織片的風格改變，因此棒針最多換大2號即可。

另外也能改用其他線，以調整尺寸。先檢查標籤，若是相同重量，線越長而粗度越細，線越短則越粗。此時，相較於更換棒針的號數，更能製作出較大尺寸，但是切記，請先把握自己所織的密度和作品的密度是否不同，再開始編織。

花點巧思
成品大不同！

更換棒針即能改變尺寸，
用1號增減5%、
用2號增減10%。

想用不同毛線編織的選線訣竅

選線時要留意適合的棒針、線的重量及長度。比較想編織的作品所用的毛線，再選擇和上述兩點相似的線，就不會失誤。根據線的特性，也可能出現粗度相同，但棒針號數卻完全不同的情況，因此請別用眼睛判斷，而是確認標籤上的資訊。無論選用哪一種線，都要在實際開始編織前試編，以測量密度。

一般花樣就選直線；平面編就選有點獨特的線；鏤空花樣也能選馬海毛等等，在考量織片和線的特色是否搭配時，編織出獨一無二的毛線衣，也是一件樂事。稍微上手之後，請務必挑戰看看！

嘗試編織作品吧！

搭配截至目前學到的技巧，終於要挑戰正式的毛衣了！請先
試著先完成一件作品。

❋ V領背心

這是搭配著橫紋花樣的背心。
自然的米色搭配上藍色和紅色，配色很亮眼。
由於是在沒有增減針目的部分編入花樣，
因此邊緣的處理也很簡單。

設計／風工房
使用的毛線／Rich More Percent

【 V領背心的織法 】

✗線…Rich More Percent　米色（98）175g、草綠色（12）15g、褐色（76）10g、紅色（64）5g、藍綠色（26）5g、藍色（106）5g、生成色（3）5g、黃色（14）5g

✗針…棒針5、4、3號

✗密度…10cm²有編入花樣25針・32段、編入花樣25針・29段

✗成品的尺寸…胸圍92cm、肩寬34cm、衣長55cm

編織的重點

[後身片]用手指掛線的起針開始編織，用1目鬆緊編織24段。改用4號針，用平面編繼續編織。袖攏或衣領的減針若為2針以上就作套收針，若是1針就作邊緣1針的立針減針。肩膀用留下針目的引返編編織。

[前身片]織法和後身片相同，但是織完1目鬆緊編之後，用5號針編織66段編入花樣，接著改用4號針繼續編織平面編。

[接合]肩膀用覆蓋併縫接合。袖攏和衣領分別挑取指定的針數，接著袖攏用往返編織、衣領用輪編織；編織終點則在上針編織上針、下針編織下針之後，作套收針。最後，用挑針綴縫接合脇邊和袖攏。

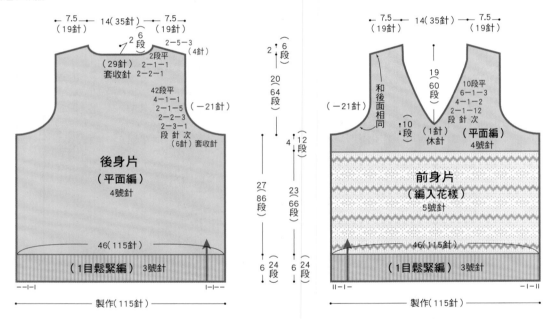

← 7.5 → 14（35針）← 7.5 →
（19針）　　　　　（19針）

2段　6段
2−5−3（4針）
（29針）2段平
套收針 2−1−1
　　　　2−2−1

42段平
4−1−1
2−1−5
2−2−3
2−3−1
段針次
（6針）套收針

（−21針）

後身片
（平面編）
4號針

46（115針）

（1目鬆緊編）3號針

製作（115針）

2　6段
20　64段
4　12段
27　86段
23　66段
6　24段
6　24段

← 7.5 → 14（35針）← 7.5 →
（19針）　　　　　（19針）

19　60段
10段平
6−1−3
4−1−2
2−1−12
段針次

（1針）休針

和後面相同

（−21針）

（10段）

前身片
（編入花樣）
5號針

46（115針）

（1目鬆緊編）3號針

製作（115針）

4號針

＊編入花樣之外的部分　全部都用米色編織。

衣領（1目鬆緊編）3號針

挑（37針）　2.5（9段）　2.5（9段）

袖攏
（1目鬆緊編）
3號針

挑（58針）　挑（58針）

（−4針）挑（1針）（−4針）

挑（129針）

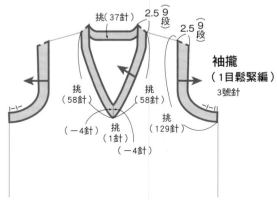

150

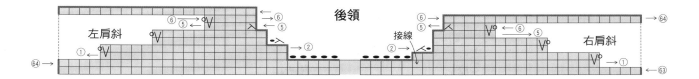

後領

左肩斜　右肩斜

接線

編入花樣

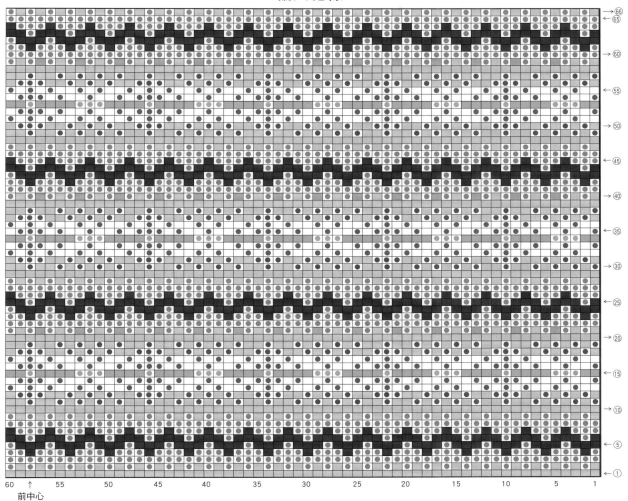

60　↑　55　　50　　45　　40　　35　　30　　25　　20　　15　　10　　5　　1
前中心

配色

□=□ 下針
□= 生成色
● = 黃色
● = 藍色
● = 藍綠色
● = 紅色
■ = 褐色
● = 草綠色
■ = 米色

V領尖端的織法

下針織下針，上針織上針
套收針
⑨

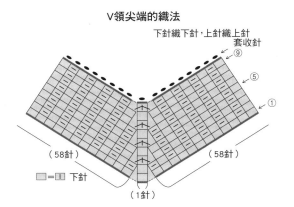

（58針）　　（58針）

■=□ 下針

（1針）

✳ **套頭毛衣**

利用鑽石圖樣搭配交叉花紋，所作成的圓領艾倫島花樣毛衣。
偏短的衣袖感覺輕盈。
而袖襱的曲線則是邊減針邊製作花樣。

設計／風工房
使用的毛線／Rich More Spectre Modem

✳ 長版背心

這件男裝風格背心穿起來更加帥氣，
設計成「生命之樹」的艾倫島花樣。
左右側的口袋是造型特色。

設計／風工房
使用的毛線／hamanaka Aran Tweed

【套頭毛衣的織法】

- ✖線…線…Rich More Spectre Modem 藍色（23）400g
- ✖針…棒針9、7號
- ✖密度…10cm²有平面編19針・23段、花樣編織A 16cm 1花樣42針・10cm23段、
花樣編織B 8cm1花樣20針・10cm23段
- ✖成品的尺寸…胸圍94cm、肩寬38cm、衣長53.5cm、袖長39cm

編織的重點

[前身片]用手指掛線的起針開始編織，用2目鬆緊編織16段。改拿9號針，用平面編和花樣編織A
編織。袖攏和衣領的減針若是2針以上就作套收針，若是1針則作邊緣1針的立針減針。

[衣袖]用和身片相同的要領編織，但花樣編織要用B編織。袖下的加針是作扭加針；袖山的減針
若是2針以上就作套收針，若是1針就作邊緣1針的立針減針。

[接合]肩膀用覆蓋併縫。脇邊和袖下用挑針綴縫。衣領挑取指定的針樹後，用2目鬆緊編織成環
狀。而編織終點則是下針織下針、上針織上針，再作套收針。衣袖用引拔綴縫接合。

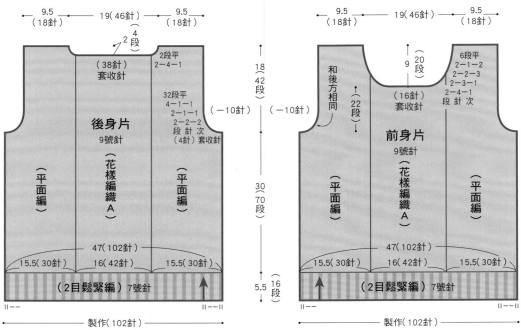

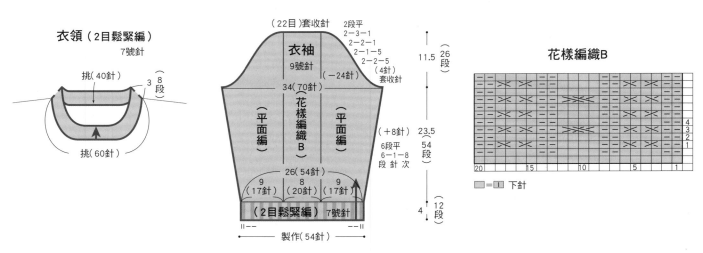

154

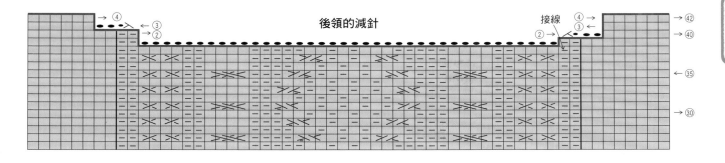

後領的減針

接線

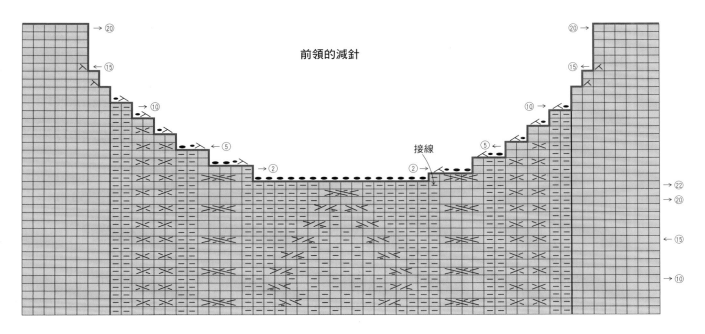

前領的減針

接線

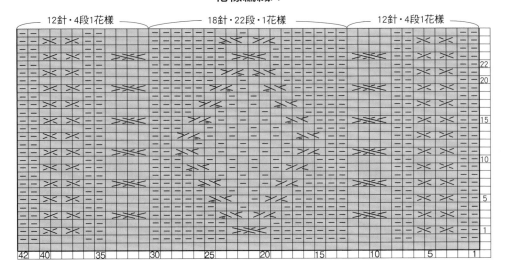

花樣編織A

□=Ⅰ 下針

【長版背心的織法】

* 線···hamanaka Aran Tweed　淡茶色（２）360g
* 針···棒針8、6號
* 其他···直徑22mm的鈕扣7顆
* 密度···10cm²有平面編18針・24段、花樣編織8.5cm1花樣19針・10cm24段
* 成品的尺寸···胸圍93cm、肩寬36cm、衣長67cm

編織的重點

[後身片]用手指掛線的起針開始編織，用2目鬆緊編織8段。改拿8號針，用平面編和花樣編織來編織。脇邊、袖攏、衣領的減針若是2針以上就作套收針，若是1針就作邊緣1針的立針減針。

[前身片]用和後身片相同的訣竅編織，並在指定位置編織切開式口袋。

[接合]用覆蓋併縫接合肩膀。袖攏挑取指定的針數後，用往復編來織；而編織終點則下針織下針、上針織上針，再作套收針。用挑針綴縫接合脇邊和袖攏。門襟和衣領要挑取指定針數，並在挑針終點和挑針起點作捲加針。一邊在右門襟開釦洞，一邊用2目鬆緊編織8段。

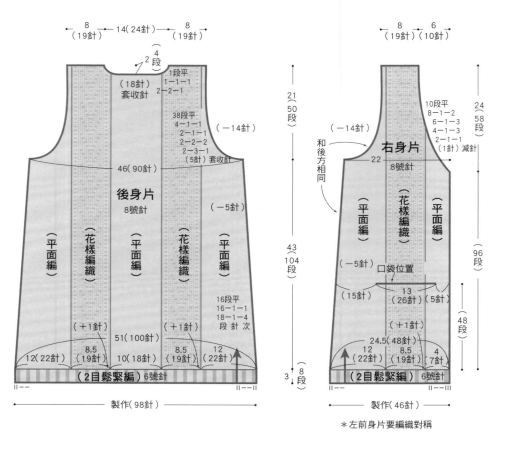

內口袋
（平面編）
8號針

挑（24針）＊

↑
12
（28段）

＊花樣編織的部分要減3針

口袋口
（2目鬆緊編）
6號針

（28針）

製作（1針）　挑（26針）　製作（1針）

3↓8段

＊左前身片要編織對稱

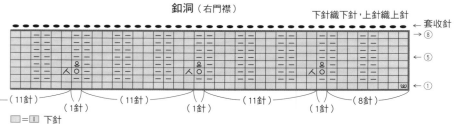

釦洞（右門襟）

下針織下針，上針織上針

← 套收針

→⑧
←⑤
→①

—（11針）　（1針）　（11針）　（1針）　（11針）　（1針）　（8針）

▨=⊡ 下針

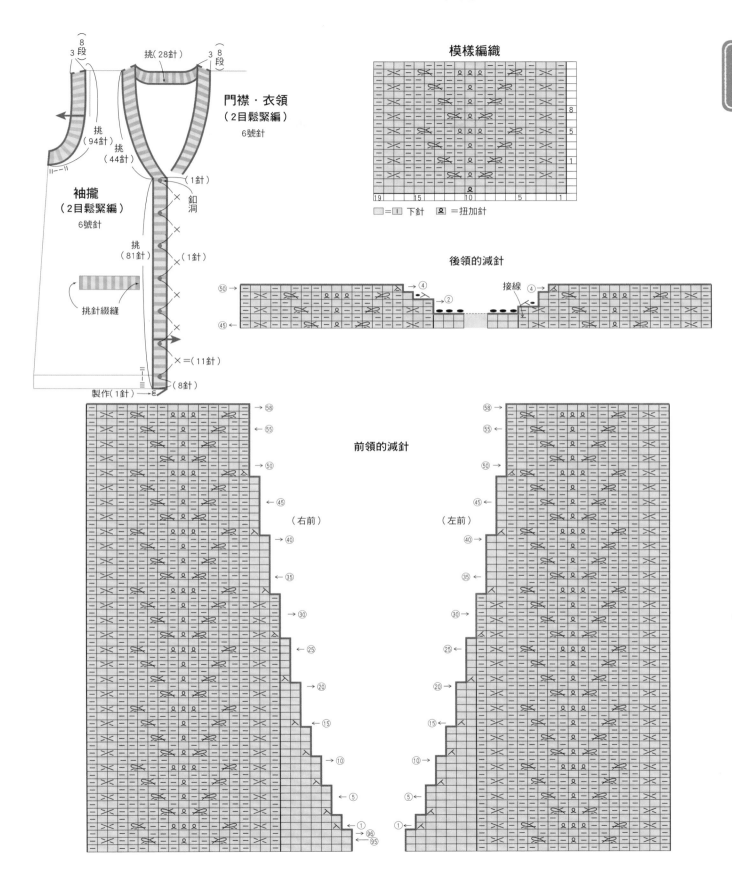

挑(28針)

3 (8)
段

3 (8)
段

挑
(94針)

挑
(44針)

門襟・衣領
（2目鬆緊編）
6號針

袖攏
（2目鬆緊編）
6號針

挑
（81針）

挑針綴縫

（1針）
釦洞

（1針）

×＝（11針）

製作（1針）

（8針）

模樣編織

□=1 下針　　2=扭加針

後領的減針

接線

前領的減針

（右前）

（左前）

157

Index 索引

本書使用的毛線

DAIDOH INTERNATIONAL LTD.（Puppy）
Queen Anny　羊毛100%　50g毛線球・約97m　中粗　6～7號　650円（稅另計）
British Eroika　羊毛100%（使用50%以上的英國羊毛）　50g毛線球・約83m　極粗　8～10號　620円（稅另計）
Bottonato　羊毛100%　40g毛線球・約94m　中粗　7～9號　700円（稅另計）

DIAMOND KNITTING YARN（鑽石牌）
Diamohairdeux〈Alpeaca〉　馬海毛（安哥拉山羊的毛）40%、羊駝毛（小羊）10%、壓克力纖維50%　40g毛線球・約160m
中粗　6～7號　680円（稅另計）

HAMANAKA
Aran Tweed　羊毛90%、羊駝毛10%　40g毛線球・約82m　極粗　8～10號　630円（稅另計）
Sonomono Alpaca Wool　羊毛60%、羊駝毛40%　40g毛線球・約60m　中粗　10～12號　560円（稅另計）

HAMANAKA（Rich More）
Spectre Modem　羊毛100%　40g毛線球・約80m　極粗　8～10號　540円（稅另計）
BACARA EPOCH　羊駝毛33%、羊毛33%、馬海毛24%、尼龍纖維10%　40g毛線球・約80m　中粗　7～8號　730円（稅另計）
Percent　羊毛100%　40g毛線球・約120m　粗　5～7號　480円（稅另計）

いちばんよくわかる新・棒針あみの基礎（NV70258）
Copyright © NIHON VOGUE-SHA 2014
All rights reserved
Photographers: Yukari Shirai, Noriaki Moriya, Hidetoshi Maki
Designers of the projects of this book: KAZEKOBO, Makiko Okamoto, Jun Shibata
Original Japanese edition published by Nihon Vogue Co.,Ltd.
Complex Chinese translation rights arranged with Nihon Vogue Co.,Ltd.
through LEE's Literary Agency, Taiwan
Complex Chinese translation rights © 2016 by Maple House Cultural Publishing

出　　　版／楓書坊文化出版社
地　　　址／新北市板橋區信義路163巷3號10樓
郵 政 劃 撥／19907596　楓書坊文化出版社
網　　　址／www.maplebook.com.tw
電　　　話／02-2957-6096
傳　　　真／02-2957-6435
編　　　集／森岡圭介
翻　　　譯／吳冠瑾
責 任 編 輯／邱鈺萱
總　經　銷／商流文化事業有限公司
地　　　址／新北市中和區中正路752號8樓
網　　　址／www.vdm.com.tw
電　　　話／02-2228-8841
傳　　　真／02-2228-6939
港 澳 經 銷／泛華發行代理有限公司
定　　　價／360元
初 版 日 期／2016年11月

國家圖書館出版品預行編目資料

基礎棒針教科書 / 森岡圭介編集；吳冠
瑾譯. -- 初版. -- 新北市：楓書坊文化,
2016.11　面；　公分

ISBN 978-986-377-217-0（平裝）

1. 編織　2. 手工藝

426.4　　　　　　105016154